一个中国家庭的餐桌

我父母的私房菜

［法］张有敏
（Eliane Cheung）著

管非凡 译

天津出版传媒集团

天津人民出版社

目　录

致我的父母、祖父母和我的表哥智龙

我啊，并非生来就是"吃货"。据父母回忆，我小的时候对食物从来没什么特别的兴趣，每次吃饭对我而言简直是一场持续数小时的折磨。有时，我好不容易在下午过去一半的时候吃完午饭，可是三个小时以后又得重新坐上餐桌。我绝望地哭喊着："又吃饭？！可是我刚吃完啊……"

这样的时光已经过去很久很久了，但我可以保证，至今我都没法解释那时候的我为何对食物的兴趣小得可怜，尤其是对比食物在我家庭中的地位和今天它对于我的意义。

作为厨师的女儿、外孙女，我从小被餐馆、厨房、炉灶声、聚餐和家人朋友的宴会围绕着。我和我的弟弟、姐姐都在这样的环境中长大。烹饪、分享、聚会、宴席，就是家人们表达情感最好的方式。

我想通过这本书向我的父母、祖父母和外祖父母表达敬意，留住这段珍贵的家庭回忆。

拍摄于2016年中国春节的全家福（从左至右：姐姐有慧、我、父亲、母亲、侄子俞浩、弟妹戴尔芬、弟弟有智、侄女俞悦）

家庭肖像

张学鸿（祖父）

Hok Hung (Grand-père paternel)

王月娥（祖母）

Yuet Ngor (Grand-mère paternelle)

张大荣（父亲）

Tai Wing
(Papa)

赵仪 （外祖父）

Yee (Grand-père maternel)

陆林 （外祖母）

Lam (Grand-mère maternelle)

赵晓云 （母亲）

Hiu Wan
(Maman)

我们家的小故事

　　我父母的祖籍分别是江苏省扬州市和南京市的近郊，那里就是祖先扎根的故乡。而我们的第二故乡在香港，我的父母和祖父母曾经在那里生活过，那儿也是我母亲出生的地方。从江苏到法国，他们的人生旅程并非一帆风顺。这是他们的故事，也是我们的故事。

老圩乡，江苏省

　　我父亲是兄弟中的老三，出生于一个叫老圩的中国乡村。曾经有钱有势的家庭因为子弟沉迷于鸦片，所有财富在一代间被大肆挥霍，到我祖父一代就只体会到贫穷和饥饿。在那个时期，没有人照管孩子们。他们嬉戏玩耍、调皮捣蛋，被追着打屁股。他们无忧无虑，可是不得不面对饥饿——几乎只能吃草根，偶尔才有一小把米供全家食用。我的祖父因此被迫离开农村到别处找工作。他躲在一艘船的底舱去了香港，在那里靠做绣花拖鞋才能赚一点钱。

扬州地区生产
的小盒子

petite boîte
fabriquée dans la
région de Yangzhou

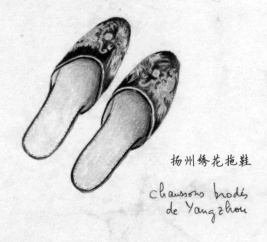

扬州绣花拖鞋

chaussons brodés
de Yangzhou

当时人们经历着越发严重的饥荒。祖母比较幸运，她用祖父寄来的钱在黑市上买到一点大米，养活她的孩子们。但是她得等到夜幕降临才能开启炉灶煮米，否则大白天炊烟袅袅会引起邻居的注意和觊觎。所以晚饭总是在半夜开吃。祖母叫醒孩子们，让他们喝下一盆稀到几乎没有米只有水的粥。有时候过得好一些的邻居过来分享他们的大米给我的父亲和叔伯们，但不得不接受的现实是：祖父在香港无依无靠没法渡过难关，自己都快要饿死了。为了生存，家人只能再一次面临分别。

四儿子被选中出发去挣钱拯救这个家。为了得到进入香港的许可，他们捏造了这样一个故事：祖父有了情人并且想与她重新开始生活，所以要求与祖母离婚。这就需要带上其中的一个儿子同去香港办理手续，通过孩子来证明婚姻的真实性。

像前面说的，给叔叔的文件都准备好了。可是就在出发前两周，祖父改变了主意。在祖父姐姐的建议下，祖父最终决定还是让三儿子，也就是我的父亲，到香港去，因为他年纪更大、更机灵。父亲的命运就这样被决定了。叔叔的命运也是，再也没有从这个错过的机会中恢复过来，而父亲在后来很多年都对此十分感激。当然，事实上没有离婚这回事。祖母带着父亲同祖父在香港安顿下来。自此，整个家庭的生计或多或少得到了保证。祖母因为将她的三个孩子留在内陆哭泣了很长时间，虽然后来她在香港有老五和最小的儿子相伴。

中国春节的红包

enveloppe rouge
pour le nouvel
an chinois

1962 年父亲在香港学厨艺

1966 年在巴黎，图尔农路

香港

二十世纪六十年代，香港。完成了简单的培训之后，住在北区的父亲进入一家当地的餐馆当学徒。"扬州三把刀"，象征着远近闻名的扬州三大职业——厨师、理发师、修脚师，父亲选择了厨师。当厨师至少不会饿死。

这是一门我们可以想象得到的异常艰辛的学徒手艺，切伤、烫伤以及糟糕的治疗都是家常便饭。由于没有手套，父亲只能在洗锅时徒手抓着炒锅的手柄，因而手经常被烫伤。他别无选择，只能忍受这一切并咬牙坚持。可是有一天，精疲力尽的父亲匆匆下班，哭着赶回家。他对祖母哭诉生活太过艰辛，不想再回去当学徒了。祖母立马回答："如果你父亲听到这些，非宰了你不可。今天的事儿我决不跟他提起，但是你明天要继续回去工作。"父亲照做了。

父亲在餐厅当了五年学徒，练就了职业需要的所有基本功。他在那儿认识了最好的朋友赵和李云昆。赵同父亲是老乡，他们说同样的方言，李云昆则来自上海。

学徒期结束以后，他们都决定到国外碰碰运气。李云昆选择了日本，赵选择了德国，而我的父亲选择了法国。巴黎！

巴黎

1966年7月3日，父亲抵达法国首都。他身无分文，还欠了一屁股债，因为他借了很多钱才凑齐了旅费。只身一人在国外，他自此承担起赚钱养活一大家子的重任。在外祖父位于图尔农路21号的餐馆里，父亲真正开始了他的厨师生涯。晚上饭店打烊后，父亲就在餐桌上休息睡觉。

后来，父亲同一位朋友每月花三百法郎在剪刀路上一家小旅馆租了一个小房间，之后又同另一位朋友租住在塞弗尔巴比伦的一个更好的房间，一个人睡在床板上，另一个人睡在床垫上。他们一直待在塞纳河左岸，靠近拉丁区，因为大部分的中餐馆都在那里。当然，父亲得一直不停地工作，为了养活家人，为了尽早还完欠款。好在生活终于开始像点样了。几年后，父亲将祖父母以及在香港出生的弟弟接到巴黎。而其他的兄弟，则再也没有这样的机会了。

　　父亲很快在餐馆认识了母亲，当时她还是初中生。后来的事情就像故事里那样："王子和公主幸福地生活在一起。"他们相互喜欢，出去约会，结婚，生了好多孩子。

　　事实上只有三个孩子。先有了我的姐姐，后来有了我。但是如大家知道的，一个中国家庭如果没有儿子就不算完整。幸运的是，在我之后，弟弟出生了。

1967 年父亲寄给祖父母的明信片

二十世纪六七十年代，父母亲在塞纳河畔伊夫里

我父母的第一家饭店，在巴黎十六区

我们的童年顺风顺水，幸福而无忧无虑。父母的第一家饭店在十六区［熊猫饭店，位于布库安特隆尚（Bouquet-de-Longchamp）路 14 号］，之后他们换了地区，在距离香榭丽舍大街不远的库尔瑟莱（Courcelles）路 3 号定居，一待就是三十年。我们在张园饭店（Elysée Pékin）长大，那里就像我们的第二个家。我们在餐馆庆祝每一个生日，这无疑是与餐馆相关的最有意义的记忆。餐馆也承载了我们所有的回忆：这是一个永远人头攒动的地方，有祖父母，有叔叔阿姨，有好多表亲，有父母的朋友和他们的孩子们，总之是一群闹哄哄的孩子。我们玩耍、大笑、到处跑，也少不了争吵打闹。而父辈们呢，对撮合他们的子女乐此不疲，几乎所有的夫妇都对此有过幻想。楼上时常也有打麻将的，祖父母总是参与其中。父亲在炉灶旁管理这个小世界的一切：鸡肉沙拉、火腿、黄瓜、琼脂、海蜇沙拉、蟹钳、鱼翅汤、炸虾、长寿面，当然还有宴会必不可少的双层蛋糕——总是在晚宴的最后让当时还是淘气鬼的我们如此着迷。

对于我的父母以及周围的其他大人来说，他们选择背井离乡，历经千辛万苦来到法国，不得不适应陌生的环境，学习一门新的语言，不停地工作。所以后来他们拥有的衣食无忧、时常聚会的幸福生活，并不是偷来的。

　　派对之后，工作很快就恢复了原有的节奏。餐馆全年每周营业六天，包括八月。记忆中除了两三次特例，父亲从来不和我们一起去度假，他坚守着他的岗位。父亲是因为自己来到法国，但自己的兄弟们却被留在乡下而感到负有罪过吗？

二十世纪七十年代在张园饭店

外祖父母的餐馆，位于圣马塞尔大道

　　然而父亲从未停止给他们汇钱，即使在他最困难的时候，也满足他们所有的需求，竭尽全力改善他们的生活，甚至给他的弟弟盖了一栋房子。他什么时候想过自己的债务何时才能还清？

　　到我们长大，可以工作了，也就是青春期的时候，我们姐弟三人经常在暑假期间轮流去餐馆帮忙。由于害怕跟客人们打交道，我就躲在款台后面，准备酒水和账单，负责结账。服务生的工作对我来说是苦差事，在厨房工作也是难以想象的。从那时起，我就明白我并不适合经营餐馆。

　　随着时间的推移，生日宴会越来越少，但是餐馆一直是大家聚会的地方。我们在那里宴请朋友、老师等。我三十岁的时候，全家举办了盛大的派对，叔叔、阿姨、兄弟姐妹等都来了。两个月以后，餐馆正式停业。父亲在劳碌大半辈子后退休了。但是他并未就此脱下他的围裙，而是继续认真地在他的小厨房里，为我们准备丰盛的周末午餐，经常给我们分发他做的包子和水饺。我想，他永远都是一位厨师。

我的母亲（赵晓云）

　　母亲是五个孩子中的老三，1952 年出生于香港九龙。她没有经历像父亲那样贫穷悲惨的童年。她的父亲是有地位的厨师长，所以全家什么都不缺。外祖母负责照顾孩子，给他们缝制好看的衣服，烹饪美食。当好多邻居只能满足于白米饭加一点酱油和椰油，配一块鱼干或一点豆芽的时候，他们几乎每顿饭的餐桌上都有肉和海鲜。外祖母每天都从英皇公园走路去红磡那里的菜市场，路上得照应孩子，回来的时候带着很多烹饪食材，猪排、大虾等。母亲唯一讨厌的一道菜，就是用手撕而非用刀切出来的短而厚的面条，就像是没有鸡蛋的德国面疙瘩。外祖母却很喜欢。每次外祖母做这道菜的时候，母亲都会赌气。

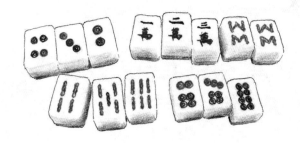

麻将中的一种和牌组合

Combinaison gagnante
au mah-jong

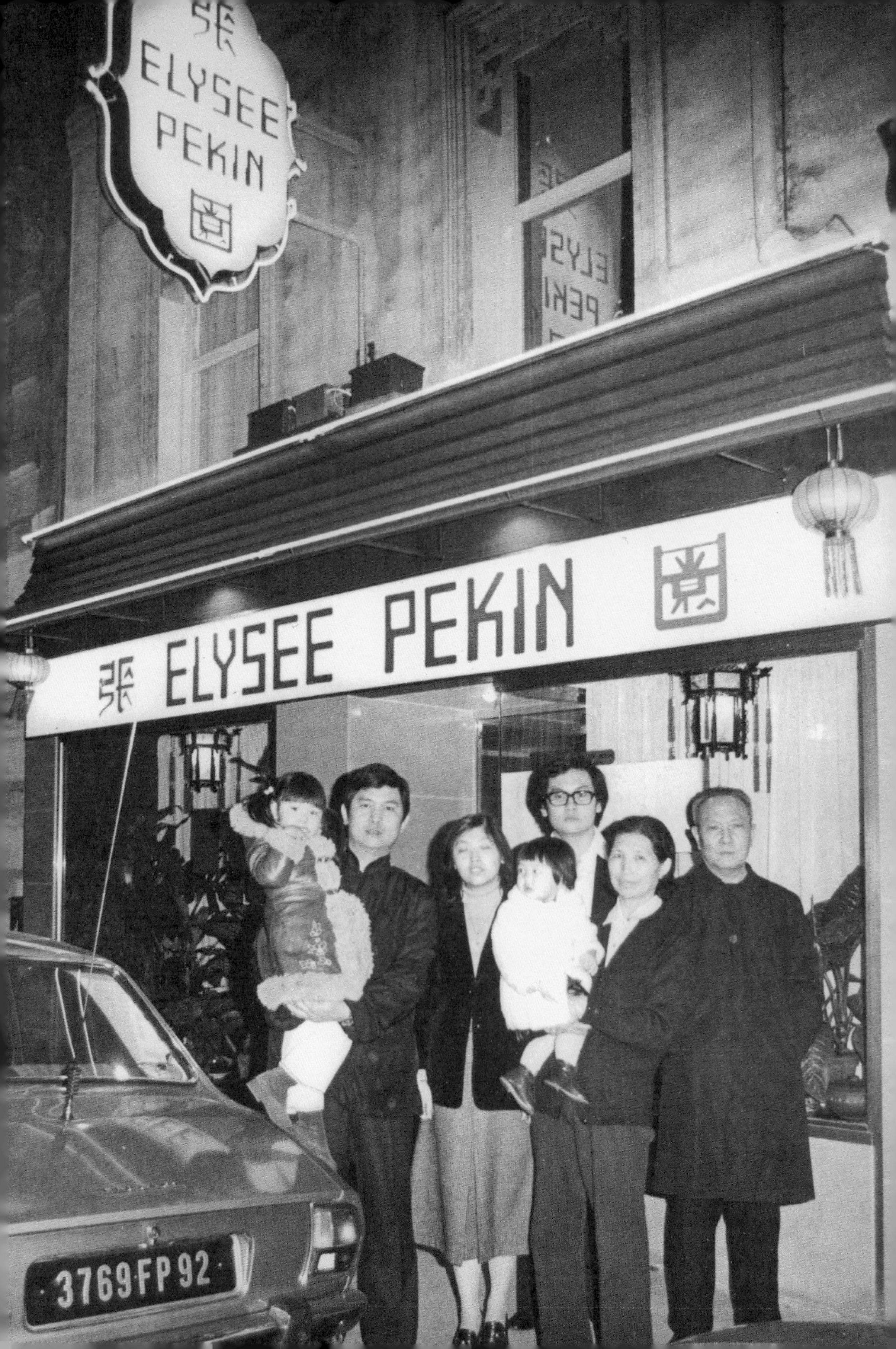
ELYSEE
PEKIN
ELYSEE PEKIN
3769·FP 92

二十世纪五十年代末期，外祖父决定像他的熟人们那样去巴黎碰运气。出发之前，他对当时只有六岁的母亲说："乖乖地等我回来，五年后我会回来找你的。"他说到做到。十一岁的时候，母亲来到巴黎并且寄宿在奥兰宿斯波伊斯的修女家，因为外祖父当时无法让她住在租来的房间，也没法照顾她。其余的家人后来也到了巴黎。在与修女们度过美好时光之后，她开始上学，后来又辍学去工作。再后来的事儿大家也都知道了：和父亲谈恋爱、结婚、生子。

　　身边有厨艺高超的父母和厨师丈夫，我母亲一直满足于坐在餐桌旁。她在多年以后才像家庭主妇那样在炉火边做饭。在餐馆里，她掌管着整个大厅、服务、收银。在她状态最好的时候，她可以不用笔就记住最长的点菜单，心算所有的账单。她灵活、认真而麻利。她能照看到餐馆的每个角落，能预料到常客们要点的菜，让每个人都觉得舒适。如今当我看到有些服务员穿梭在大厅都注意不到客人，就会想到母亲在的话一定会严厉地教训他们。

　　尽管母亲做饭比父亲少，但是她有自己的拿手菜，并且喜欢尝试从中国中央电视台或者其他地方的美食节目中看到的东西。她做的姜柠焦糖鸡翅、广东排骨、香脆鹌鹑腿和甜汤真是一绝。每逢中国新年，她都会做极好的年糕。还有，她简直是世界上最会挑芒果的人。

餐馆开张不久后的全家福（自左至右：姐姐有慧、父亲、母亲、我、叔叔大维、祖母、祖父）

张学鸿（祖父）

Hok Hung (Grand-père paternel)

王月娥（祖母）

Yuet Ngor (Grand-mère paternelle)

我的祖父母（张学鸿和王月娥）

祖父母和我们生活在一起，像父母一样照顾我们。父母去餐馆工作的时候，他们负责照看我们。吃喝拉撒、接送上学，一切都由他们照料。吃饭的时候我们都不乖乖坐在餐桌旁，他们手里拿着饭碗和勺子，跟着我们到处跑着喂饭吃。他们从来不会责备我们在公寓的墙上乱涂乱画，或者在阳台上捏蚂蚁。我们是他们的宝贝，在他们看来这些都没什么。当我们过分的时候，他俩其中一个会手持鸡毛掸子，轻轻在我们的屁股上打两下。事实上这没什么用，我们很快就回到老样子了。

我对祖母几乎没什么记忆，她去世的时候我才十岁。我记得她的脚很奇怪，因为她小时候裹过脚。幸好并没有裹很久，但却足以留下印记。她的父母不忍心看她如此受苦，决定让她停止裹脚，即便这有可能使她嫁不出去。他们卖豆子做些小生意，所以他们相信即便她独身一辈子，也有足够的资源生活下去。而我的祖父就喜欢她这样的，并且非她不娶。

祖母很少下厨，可我一直记得她为端午节准备粽子的方法：我看着她用竹叶卷出一个角，放入糯米，继续折叠叶子，用牙咬紧绳子一端，手拽紧另一端扎紧粽子，然后不知疲倦地做下一个。看她做粽子是很有意思的事情。

原味的粽子，我们就蘸糖吃，也有肉馅儿的粽子，都非常美味。通常情况还是祖父给我们做饭吃，炒牛肉（有很多油）、韭菜炒鸡蛋、牛排、裹面包粉的猪排等。至于祖父，他有自己的饮食习惯：高汤煮虾米大白菜、白粥配花生或者榨菜。

1977 年，当时的中国重新回到世界舞台，祖父母也在他们离开多年后第一次回到中国看望他们的孩子和孙辈。他们后来又回去了很多次，祖父最后的时光选择在家乡度过。

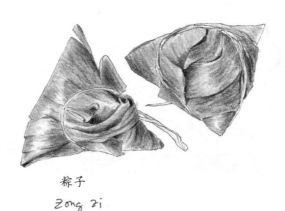

粽子

Zong zi

赵仪（外祖父）

陆林（外祖母）

我的外祖父母（赵仪和陆林）

外祖父母是青梅竹马的一对。外祖母的家庭太穷养活不了她，所以她很早就被托付给未来的公公婆婆，因此外祖父母可以说是一起长大的。他们在江苏农村的生活我知道得很少，只知道外祖父在抗日战争期间差点被日本人杀害。当时他的母亲祈求并成功说服了日本官兵放过她唯一的儿子，外祖父才有幸活下来。

外祖父在上海学习厨艺，接着在香港安家当厨师长，二十世纪五十年代定居在巴黎。他开过好几个餐馆，但是我只知道最后一个——圣马塞尔大道上的金鱼饭店，这里也是庆祝节日的好地方。同样适合庆祝活动的还有他们的公寓，有十来年时间，每周六的晚上，舅舅、舅妈、表亲们和我们都聚集在这里吃饭、玩耍、度过美好的时光。有打牌的，有玩街头霸王或者俄罗斯方块的，有看《前50》电视节目的，还有姐妹之间聊天的。如果我们碰巧在那里过夜，第二天早上就会去泳池。这是外祖父周日早上的习惯，回去的时候，外祖母会准备好煎饼欢迎我们。有时候我们也会去植物公园闲逛。那真是美好的日子。

外祖母经常下厨，给大家做饭像是她的天职，也像第二天性。她喜欢用高压锅做白菜饭，经常用平底锅烤火腿白萝卜馅儿或者红豆馅儿的小面饼，蒸花卷、包饺子，或者像祖母一样为端午节准备粽子。但是只有她会做而其他人都不会的，是素鸡。这是一种用豆腐皮卷起来压紧的香肠形状的食物，吃一口就让人欲罢不能。如今让我觉得遗憾的是没能在她在世的时候学习、传承她和外祖父的菜谱和手艺。

外祖母送给我的小老虎

petit tigre offert
par ma grand-mère

在外祖父家我到的中国糖果

bonbons chinois qu'on
trouvait chez mes
grands-parents

中国菜

La cuisine chinoise

　　中国人不按西方人熟悉的"前菜、主食、甜点"这样的顺序用餐。在中国，汤是用来"喝"的，不是用来"吃"的。有些地区餐前喝汤，有些地区餐后喝汤，但是其他的菜同时上桌，每个人想吃什么就吃什么。无论是在家里还是餐馆，所有的菜都是共享的。

　　我父母家的一桌菜包括一碗汤、一道肉、一道家禽类的菜、一整条鱼、一道海鲜、一些绿叶蔬菜、一道另外的蔬菜，有时还有一道炖菜、一份炒鸡蛋，任何时候都有米饭作为搭配。菜单的组合比较随意，没有特别的规则，除了食材、口感和烹饪方法的多样性。

　　关于餐桌礼仪，把筷子插在米饭中是严格禁止的，因为这像是葬礼中的仪式；双手捧着饭碗也是不行的，因为只有乞丐才会这么做。

配料

Ingrédients

　　中国菜离不开酱油、生姜、葱、绍兴黄酒和植物油！但是同样也会用到很多其他的配料。在法国，有些比如豆腐或者白菜，是为人熟知的中国菜，还有其他比如银耳，知道的人就比较少了。后面几页您将会看到我家厨房所有特定的配料（酱汁、调味料、蔬菜、香料、干货等），以及一些制作推荐菜肴必不可少的工具。

酱汁和调味料

Sauces et Condiments

生抽酱油 *

sauce soja (claire)

老抽酱油 *

sauce soja foncée

芝麻油

huile de sésame

玫瑰酒

alcool à la rose

生抽酱油

　　中国厨房的基础调料，用于菜品调味和调制蘸酱。一般情况下，"酱油"表示的是生抽。

老抽酱油

　　颜色更深，更有糖浆质感，老抽酱油常与生抽酱油一起使用来给菜品调色。它更适合用来做炖菜。

陈醋 *

vinaigre de riz noir

绍兴黄酒 *

Vin de riz de Shaoxing

蚝油

sauce d'huître

豆豉酱

sauce aux haricots noirs

海鲜酱

sauce hoisin

陈醋
　　用于烹饪和制作蘸酱，也可以直接用作水饺的蘸酱。

绍兴黄酒
　　本书介绍的大部分菜谱中都会用到它。
　　如果您找不到这种酒，也可以用赫雷斯白葡萄酒代替。

蔬菜

Végétaux

生姜
gingembre

有香味的蘑菇
（香菇）
champignons parfumés
(shiitake)

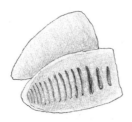

竹笋 *
pousse de bambou

银耳
champignon blanc

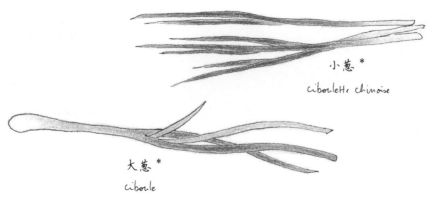

小葱 *
ciboulette chinoise

大葱 *
ciboule

大葱

这是本书介绍的大部分菜谱中都会用到的配料。

小葱

也叫细葱，很容易在亚洲杂货店找到，有时能买到新鲜的。

竹笋

新鲜的竹笋准备起来费时间且麻烦，可以直接使用冷冻产品，但是建议避免使用竹笋罐头。

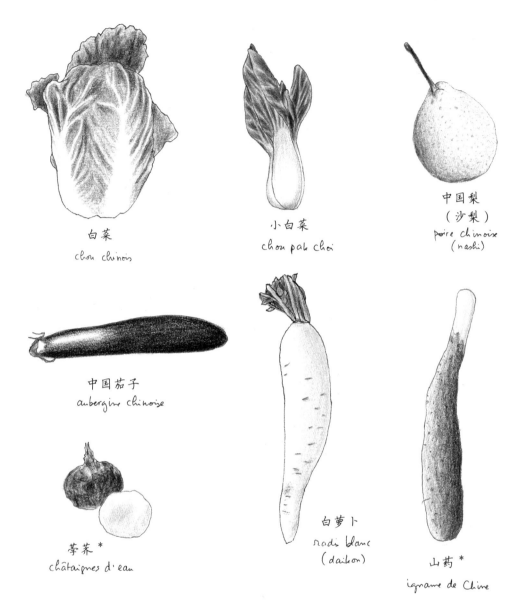

白菜
chou chinois

小白菜
chou pak choi

中国梨
（沙梨）
poire chinoise
（nashi）

中国茄子
aubergine chinoise

荸荠 *
châtaignes d'eau

白萝卜
radis blanc
（daikon）

山药 *
igname de Chine

荸荠

　　新鲜的荸荠比较难处理，所以可以使用冷冻的或者是罐头的去皮荸荠。

山药

　　记得戴手套处理山药，因为这种茎块食材的肉质对皮肤有刺激性。

富含蛋白质的食材

Protéines

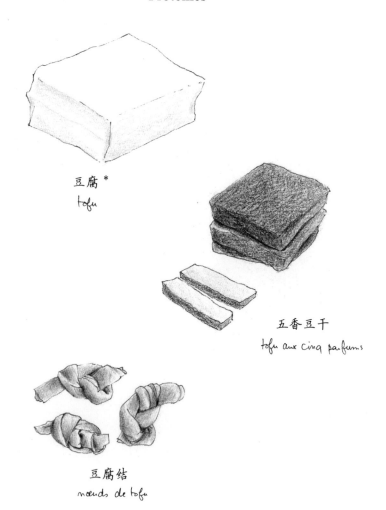

豆腐*
tofu

五香豆干
tofu aux cinq parfums

豆腐结
nœuds de tofu

豆腐

　　豆腐的种类有很多，从非常嫩滑的到非常紧实的，口感也不尽相同。我们家比较喜欢嫩滑的豆腐。

干贝 *
pétoncles séchés

干虾
crevettes séchées

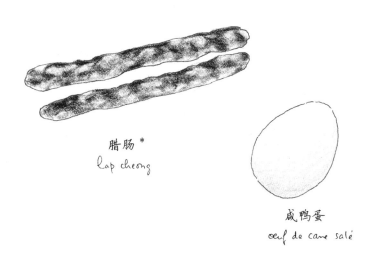

腊肠 *
lap cheong

咸鸭蛋
œuf de cane salé

干贝

　　我在法国没有找到过干贝。如果想要买到，得趁着回中国的机会购买，或者去伦敦碰碰运气。

腊肠

　　在法国很难找到好的腊肠。香港是购买腊肠的最佳地点，如果不方便，伦敦有可能也可以买到。

杂货

Épicerie

白果 *
noix de ginkgo

莲子 *
graine de lotus

百合
bulbes de lys séchés

红豆（赤豆）
haricots rouges (azuki)

红枣
jujubes séchés

花椒
poivre de Sichuan

黄冰糖 *
sucre candi jaune

蔗糖 *
sucre brun pian tang

白果

在亚洲超市中很容易找到预煮的、罐头装的或者真空包装的白果。

莲子

市场上卖的主要是干莲子或者罐头莲子，我们家更喜欢用干货，因为烹饪时味道更好。

黄冰糖

在亚洲超市中很容易找到，包装上一般叫它"石头糖（rock sugar）"。

蔗糖（片糖）

在亚洲超市中很容易找到，包装上一般叫它"褐糖（brown sugar）"。

器皿
Ustensiles

筷子
baguettes

剁刀
hachoir

炒锅
wok

电饭锅（压力锅）
rice cooker (autocuiseur)

蒸笼
panier vapeur

肉类
VIANDE

狮子头
Boulettes têtes de lion

红烧肉
Porc et nœuds de tofu braisés en sauce rouge

麻婆豆腐
Mapo tofu

烧排骨
Travers de porc à la cantonaise

南瓜豆豉蒸排骨
Travers de porc aux haricots noirs et courge

肉末茄子
Aubergines au porc haché

咸蛋蒸猪肉
Porc haché vapeur aux œufs de cane salés

韭菜豆腐干炒肉丝
Porc sauté au tofu cinq parfums et ciboulette chinoise

洋葱牛肉
Bœuf aux oignons

狮子头

Boulettes têtes de lion

这道菜跟狮子的头一点关系也没有。实际上它指的是在很大的肉圆上盖上卷心菜叶，就像是猫科动物的头和毛发。我和弟弟特别喜欢这道扬州特色菜，父亲每次做得都很完美！

一锅的量 • 准备时间：25 分钟 • 烹饪时间：2 小时 • 难度：中等

肉圆配料	包裹肉圆的配料
500 克猪肉馅	2.5 汤匙土豆淀粉
3 根大葱，切碎	30 毫升水
20 克去皮切碎的生姜	
7 ~ 8 个切碎的荸荠（盒装或解冻的）	酱汁制作
1 个鸡蛋	300 毫升水
1 汤匙绍兴黄酒	1 汤匙绍兴黄酒
¼ 咖啡匙白胡椒粉	1 汤匙老抽
¾ 咖啡匙盐	1 汤匙生抽
½ 汤匙老抽	1 汤匙糖粉
1 汤匙土豆淀粉	
120 毫升水	½ 颗卷心菜
300 毫升食用油	½ 咖啡匙盐
	2 汤匙食用油

肉圆

- 在一个大沙拉碗中，混合猪肉馅、葱、姜、荸荠、鸡蛋、黄酒、盐、胡椒粉、生抽和淀粉；加入水，用手用力混匀；
- 在小碗中混合淀粉和水；
- 在一只大锅内大火加热食用油；
- 用手取出一部分肉，揉成小橘子大小的丸子，像拿着一只烫土豆那样在两手之间滚动；
- 肉圆裹上淀粉与水的混合物继续滚动使之更好地裹匀，然后轻轻地放入油锅；
- 重复以上动作直至把肉用完，大约可做 9 个，要注意不要让它们粘在一起；
- 当肉圆变成金黄色，倒出食用油并加入制作酱汁的原料。盖上锅盖文火煮 1 个小时。

卷心菜

- 煮肉圆的过程中，清洗卷心菜，撕成大块；
- 在锅中加一点油和盐煎几分钟；
- 将肉圆放在卷心菜上，浇入汤汁；
- 盖上锅盖继续煮 45 分钟。

配上白米饭，即可食用。

* 译者注：1 汤匙 = 15 毫升，1 咖啡匙 = 1 茶匙 = 5 毫升。

红烧肉

Porc et nœuds de tofu braisés en sauce rouge

    这是一道经典的中国菜，也是我最喜欢的菜之一：带有一点肥肉的红烧肉，油滋滋的，入口即化，带点甜味的汤汁浸透米饭。肥肉部分我会放在一边不吃，但是有些人，比如我父亲，会把它们一起吃掉。您可以根据您的喜好选择。

两盘的量 • 准备时间：10 分钟 • 烹饪时间：1 小时 30 分钟 • 难度：简单

200 克（1 袋）百叶结	3 汤匙* 老抽
900 克猪胸肉	2 汤匙绍兴黄酒
2 根大葱	350 毫升水
35 克生姜	40 克冰糖
少量食用油	
4 汤匙生抽	

- 一开始需要浸泡百叶结；
- 将猪肉切成大块，焯去血水，沥干；
- 洗净葱和生姜，将葱切成段，将姜切成两个长块，用刀面把姜用力拍扁；
- 平底锅内开大火加入食用油，加入姜和葱翻炒 20 秒，炒出它们的香味；
- 放入猪肉块，不断翻动防止粘锅；
- 加入酱油、黄酒、水、冰糖，然后盖上锅盖小火焖煮；
- 大约半小时后，轻轻地将沥干的百叶结放入锅中，煮沸；
- 盖上锅盖，继续文火煮至少 1 小时，期间时不时地翻动百叶结使之浸透汤汁。

一定要配白米饭享用。

Mapo tofu

　　川菜中的传奇菜肴，它的流行程度远远超出了国界。这道菜能让您爱上豆腐，就像我这样为之着迷。同样，多汁的菜一定要配大米饭来吃。这份菜谱是我父亲的版本，不一定非常地道但是绝对美味。

两盘的量 • 准备时间：10 分钟 • 烹饪时间：15 分钟 • 难度：简单

800 克豆腐（最好是嫩豆腐）	1 汤匙糖
3 瓣蒜，切末	1.5 汤匙淀粉 + 1.5 汤匙水
400 克猪肉末	食用油
1 咖啡匙辣味豆瓣酱或自制辣酱	2 汤匙芝麻油
2 大汤匙高汤（鸡）或水	1 小撮花椒
3 汤匙生抽	4 根大葱，切末
2 汤匙老抽	可选：辣椒油

- 将豆腐切成方块，浸入放有冷水的锅中煮开，随后沥干；
- 炒锅中放入少量食用油，加入蒜末和肉末大火翻炒 2 分钟；
- 加入辣味豆瓣酱，然后加入高汤、酱油和糖，煮 5 分钟；
- 加入淀粉与水的混合物，立即搅拌使其均匀；
- 倒入芝麻油，有的话再加入辣椒油，撒点胡椒粉后搅匀。

撒上香葱后配白米饭趁热享用。

麻婆豆腐

烧排骨

Travers de porc à la cantonaise

这是一道很厉害的特色菜，所有尝过它的人都赞不绝口，其中也包括那些平时不太喜欢排骨的人。为了降低失败率，这道菜谱已经简化，只需要稍加注意，在烹饪过程中不断观察。

一大盘子的量 • 准备时间：15 分钟 • 腌制时间：6 小时 • 烹饪时间：2 小时 • 难度：简单

1 千克排骨	腌汁
二十多片姜片	2 汤匙酱油
4 根大葱，对劈后切成 2 ~ 3 段	4 汤匙蚝油
2 汤匙蜂蜜	4 汤匙海鲜酱
	2 汤匙绍兴黄酒

- 在一个可以放入烤箱的盘子中，将酱油、蚝油、海鲜酱和黄酒这些调料混合制作成腌汁；
- 排骨切成 4 ~ 5 块，放入酱汁中，使酱汁包裹在它们周围；
- 用保鲜膜盖上，冷藏腌制至少 6 小时；
- 预热烤箱到 200 摄氏度；
- 从冷藏室拿出盘子，将生姜和大葱放入底部；
- 放入烤箱烤制 1 小时 50 分钟，期间有规律地翻动排骨，使之被酱汁均匀浸润，如果颜色变得太快，可以用锡纸覆盖；
- 在排骨表面刷上蜂蜜，继续烤制 10 分钟；
- 切开排骨，配着米饭享用。

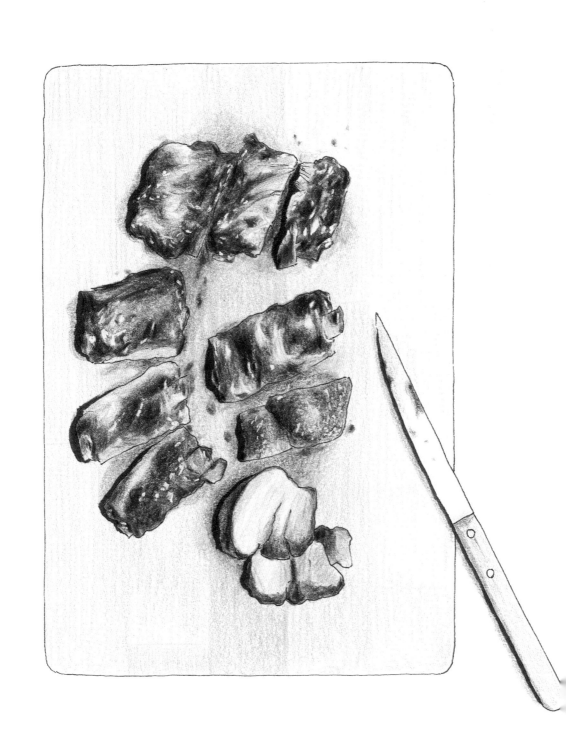

Travers de porc aux haricots noirs et courge

直径 28 厘米的盘子一盘　•　准备时间：20 分钟　•　烹饪时间：30 分钟　•　难度：简单

500 克排骨	2 汤匙生抽
400 克南瓜（红南瓜或者绿南瓜）	1 咖啡匙老抽
3 瓣蒜，切末	1 咖啡匙糖
2 汤匙豆瓣酱（李锦记蒜蓉豆瓣酱）	2 咖啡匙土豆淀粉
2 汤匙绍兴黄酒	1 撮胡椒

- 将排骨和南瓜切成块；
- 将南瓜放入底部凹陷的盘子，将排骨放入大沙拉碗中；
- 在一个小锅中加热食用油，加入蒜末和豆瓣酱来回翻炒 1 分钟，然后将酱汁倒入肉中，加入黄酒、酱油、糖、胡椒以及淀粉，搅拌均匀；
- 静置 10 分钟；
- 将调好味的排骨铺放在南瓜上；
- 将盘子放入蒸笼蒸 30 分钟。

Aubergines au porc haché

肉末茄子

一大盘子的量 • 准备时间：10 分钟 • 烹饪时间：10 分钟 • 难度：简单

2 瓣蒜	½ 汤匙糖
2 个茄子（大约 440 克）	½ 咖啡匙土豆淀粉
180 克猪肉末	2 咖啡匙水
20 毫升生抽	35 毫升食用油
2 咖啡匙老抽	1 汤匙芝麻油
150 毫升水	

- 大蒜切末，拿着茄子边转边斜着切块（俗称"滚刀"或"斜立刀"）；
- 大火加热平底锅放入食用油，加入肉末和蒜末来回翻炒 1 分钟；
- 加入茄子，炒匀，随后倒入酱油、水、糖，搅匀后煮 5 分钟；
- 盖上锅盖文火煨 5 分钟；
- 在一个小碗中混合淀粉和 2 咖啡匙水；
- 重新转成大火，边倒入淀粉与水的混合物边搅拌，以免凝固，汤汁在淀粉的作用下变得浓稠；
- 加入芝麻油，出锅。

配上米饭趁热享用。

咸蛋蒸猪肉

Porc haché vapeur aux œufs de cane salés

这是一道经典的家常菜，中文俗称"治愈系美食"，指的是那些貌不惊人，在西方国家不太出名但是容易烹饪又特别美味的菜。和其他富含汤汁的菜肴一样，它跟米饭也是绝配。

小常识：咸鸭蛋的蛋白是液态的，而蛋黄是固态的！

直径 28 厘米的盘子一盘 • 准备时间：15 分钟 • 烹饪时间：30 分钟 • 难度：简单

---

1 千克猪肉馅

2 ~ 3 根洗净切碎的大葱

25 克去皮切碎的生姜

4 个咸鸭蛋

1 个鸡蛋

¼ 咖啡匙白胡椒粉

2.5 咖啡匙糖

2 汤匙绍兴黄酒

1 汤匙油

- 在一个沙拉碗中放入肉馅、大葱末、生姜末，以及整个鸡蛋和鸭蛋白，鸭蛋黄放在一边待用；
- 加入胡椒、糖、绍兴黄酒，用手搅拌上劲；
- 加入油，再次搅匀；
- 将材料倒入一个带边的大平盘子，抚平表面；
- 每个鸭蛋黄切成 4 份放到材料表面；
- 在蒸笼上蒸 30 分钟。

Porc sauté au tofu cinq parfums et ciboulette chinoise

这道菜汇集了好多我最喜欢的食材（五香豆腐干、小葱），也承载了我童年的记忆：小时候我特别喜欢在祖父切豆干的时候偷拿着吃，他得拦着我，否则我都能吃光。这道菜也特别适合与白米饭搭配，有时候如果还有剩余，我也喜欢拿来配炒面。

准备时间：20 分钟 • 烹饪时间：7 ~ 8 分钟 • 难度：简单

290 克里脊肉	80 毫升食用油
1 个鸡蛋	1.5 咖啡匙老抽
1 咖啡匙盐	1.5 咖啡匙糖
1 汤匙土豆淀粉	⅓ 咖啡匙盐
230 克五香豆干	130 克小葱
	1 汤匙芝麻油

- 将里脊肉沿着纤维的方向切成丝；
- 取沙拉碗，混合肉、鸡蛋、盐、淀粉，用手指抓匀；
- 豆腐干洗净切丝；
- 将葱切成与肉丝、豆干丝相似长度的条状；
- 炒锅中大火加热食用油，倒入肉丝，用筷子翻炒 2 分钟；
- 倒掉多余的油，加入老抽和 1 咖啡匙糖，混匀烹饪 1 分钟后，盛出备用；
- 在同一个炒锅中，用少量的油煎豆腐干 2 分钟，加入生抽和半咖啡匙糖，盛出备用；
- 最后，放入小葱，加入油再炒 1 分钟；
- 再次将准备好的肉和豆腐干倒回炒锅，放入芝麻油炒匀，完成！

配上白米饭享用。

Bœuf aux oignons

准备时间：15 分钟 + 6 小时（腌制）• 烹饪时间：5 分钟 • 难度：简单

300 克肥牛肉	腌汁
1 个大洋葱	1 个鸡蛋
1 咖啡匙水	1 撮小苏打
1 咖啡匙老抽	¼ 咖啡匙细盐
1 咖啡匙糖	2 咖啡匙土豆淀粉
1 咖啡匙芝麻油	1 汤匙水
1 杯食用油	1 咖啡匙食用油
1 撮盐	

- 将牛肉切成尽量薄的片；
- 在一个大碗中，混合牛肉、小苏打、盐，用手抓匀；
- 加入淀粉、水和油，再次混合均匀；
- 在等待期间，将洋葱切成薄片；
- 大火加热炒锅中的一杯油，倒入牛肉煎 30 秒至半熟，盛出沥干备用；
- 炒锅中再加一些油，加入洋葱和一撮盐翻炒；
- 加入水、老抽、糖，再加入肉，炒匀；
- 烹饪的最后，倒入芝麻油。

趁热配米饭享用。

家禽类
VOLAILLES

柠檬鸡翅
Ailes de poulet caramélisées au citron et au gingembre

油淋鸡
Poulet croustillant du chef

姜葱白斩鸡
Poulet froid au gingembre et à la ciboule

芙蓉鸡片
Poulet " soyeux "

醉鸡
Poulet ivre

椒盐鹌鹑
Cuisses de cailles croustillantes

老鸡汤
Bouillon de poule, igname, pétoncles séchés

酸辣汤
Potage pékinois

Ailes de poulet caramélisées au citron et au gingembre

柠檬鸡翅

有很长一段时间，我都以为我母亲自创了这道菜。事实上，她是从一位朋友那儿学来的。夸张的是，这道菜只需要四种材料。不需要盐，也不需要油，只有四种食材。不要尝试用鸡腿或者其他部位代替鸡翅，否则风味就会暗淡很多。

一大盘子的量 • 准备时间：10 分钟 • 烹饪时间：1 小时 15 分钟 • 难度：简单

| 10 只鸡翅，去除翅尖，对半切开 | 70 克片糖，掰成小块 |
| 170 克生姜，切成薄片 | 2 个鲜柠檬，切成圆片 |

- 在一只较深的平底锅中，放入姜片加热至金黄色；
- 挪开生姜，放入鸡翅，煎至两面金黄；
- 在鸡翅上摆上片糖和柠檬片；
- 盖上锅盖文火加热 1 小时，时不时地观察，需要时翻转鸡翅；
- 1 小时后，掀开锅盖。一般情况下，糖已经全部化开，正在焦糖化，让汁水继续收干一点，这样鸡翅颜色会变得更金黄并且被焦糖汁包裹。

直接用手拿起鸡翅享用，可以一次性把肉啃干净。

Poulet croustillant du chef

油淋鸡

自我的父母亲开始经营他们的餐馆起，在顾客眼里，"主厨油淋鸡"一直是最成功的菜品之一。

鸡肉油炸后浇上用醋调制的酱汁，再盖上葱末和姜末，即刻享用才能保持其松脆的口感。

一大盘子的量 • 准备时间：25 分钟 • 烹饪时间：20 分钟 • 难度：中等

---

6 只鸡腿	1.5 汤匙生抽
1 汤匙土豆淀粉	1 汤匙老抽
½ 咖啡匙盐	1 汤匙蚝油
食用油	1 汤匙热水（用于溶化糖）
	4 根香葱
酱汁	65 克生姜
55 毫升黑米醋	3 汤匙芝麻油
6 汤匙糖粉	1 汤匙食用油

- 用盐腌渍鸡腿，静置 15 分钟；
- 等待期间准备酱汁：在第一个碗中加入黑醋、糖、生抽、老抽、蚝油和热水，搅匀；
- 将葱、姜切碎后全部放入第二个碗中；
- 在鸡腿外部裹一层淀粉；
- 平底锅或炒锅内倒入食用油，加热后放入鸡腿炸 15 分钟，每 5 分钟翻转一次；
- 用漏勺捞出油炸碎渣。想要知道鸡腿是否已熟，可以用筷子戳进肉质最厚的地方，如果有血水渗出，那就表示鸡腿还没有熟；
- 再次加热食用油，放入鸡腿，带皮的部分朝下，炸 2 ~ 3 分钟，此时鸡腿周围会产生很多气泡；
- 取出鸡腿沥出食用油，用锋利的剁刀剁切鸡腿，或者剔去骨头后再切块。

品尝之前：

- 加热芝麻油和食用油后倒入葱姜混合物中；
- 将另一个碗里的酱汁也倒进来，搅拌后浇淋到鸡肉上。

配上白米饭，趁热食用，风味最佳。

Poulet froid au gingembre et à la ciboule

一大盘子的量 • 准备时间：20 分钟 • 烹饪时间：30 分钟 • 难度：简单

2 只鸡腿	⅓ 咖啡匙盐
1 根大葱	¼ 咖啡匙糖
30 克生姜	1 汤匙油

- 清洗鸡腿；
- 将鸡腿放入煮锅中，加入水盖过鸡腿煮至沸腾（盖着锅盖），改中火继续煮 10 分钟，接着关火继续焖 10 分钟，整个过程要保持锅盖盖好。想要知道鸡腿的熟度，可以用筷子戳入鸡腿肉最厚实的位置。如果熟透了，不会有血水渗出来；
- 鸡腿煮熟后，捞出再放入凉水中。等几分钟后用先前准备好的刀（足够锋利能够切开骨头）将鸡腿剁开。如果没有这样的工具，可以剔骨后再切；

- 煮鸡腿的时候准备酱汁；
- 生姜去皮洗净，大葱洗净，用刀切碎（不能用食物搅拌机）后一起放在一个小碗里；
- 加入盐和糖并混匀（在盐的影响下食材会缩水变小）；
- 在一个小锅中放油加热，然后分 3 次倒入盛有葱姜的小碗（过程中会发出"呲呲"的声音）。

鸡肉放凉后配着酱汁享用。

Poulet "soyeux"

芙蓉鸡片

每年我姐姐生日的时候，她一定会点她最喜欢的菜请父亲做，其中就有这道在我看来"丝般顺滑"的芙蓉鸡片。这道菜可能会欺骗您的眼睛，因为它看上去像是煎鸡肉片，实际上口感却更像煎蛋卷。第一次吃的时候很令人惊艳。

荸荠为整道菜增加了爽脆的口感，当然也可以加入一些绿叶菜增加色彩。

两盘的量 • 准备时间：20 分钟 • 烹饪时间：12 分钟 • 难度：中等

230 克鸡胸肉	1 咖啡匙糖
180 毫升水	2 汤匙水
5 个鸡蛋的蛋白	
¾ 咖啡匙盐	少量豌豆或其他绿色蔬菜（随意）
1 咖啡匙土豆淀粉＋1 咖啡匙淀粉水混合物	
½ 升食用油	**工具**
10 个荸荠，切片	食物搅拌器
1 汤匙绍兴黄酒	漏勺

- 鸡肉切块，放入搅拌器中打碎后放入大碗；
- 加水用手抓匀；
- 随后加入盐和淀粉再次搅匀，得到光滑的糊状物；
- 打发蛋白，将鸡肉糊加入蛋白，用手搅匀；
- 炒锅大火加热 330 毫升食用油，将鸡肉鸡蛋混合物的一半倒入油锅，使之浮在表面。用漏勺翻动将肉分成块状（避免鸡肉上色）；
- 2~3 分钟后，捞出肉块沥干；
- 重新加油到炒锅，重复上述步骤，处理剩下的鸡肉，倒掉多余的食用油；
- 在同一个炒锅内放入荸荠煎 2 分钟，加入绍兴黄酒、糖、2 汤匙水和鸡肉块；
- 倒入淀粉与水的混合物后立即翻炒均匀；
- 最后加入绿色蔬菜再煮 1 分钟。

趁热配米饭享用。

Poulet ivre

醉
鸡

我的外祖父好像做过一道另人难忘的醉鸡，但是我当时太小没有特别注意。外祖母又过世得太早，以至于我再也没有得到这个菜谱，很可惜。但是至少我拿到了父亲的菜谱，我小心地保存着，就像是我们家族的珍贵遗产。

一大盘的量 • 准备时间：20 分钟 • 静置时间：12 小时 30 分钟 • 烹饪时间：30 分钟
• 难度：简单

---

3 根农家鸡的鸡腿

腌汁

2 根葱

20 克生姜

2.5 汤匙盐

1 咖啡匙花椒

2 汤匙绍兴黄酒

860 毫升水

酱汁

1.5 咖啡匙糖粉

½ 咖啡匙盐

50 毫升绍兴黄酒

5 毫升玫瑰酒（可选）

前一天晚上

• 清洗葱，用刀背将生姜拍扁；
• 在煮锅中加入两种调料，放入水、盐和花椒，煮到沸腾；
• 关火，倒入绍兴黄酒静置；
• 清洗鸡腿；
• 将鸡腿平放入盛有水的锅中，盖上盖子煮沸。沸腾后，转文火煮 10 分钟，再关火焖 10 分钟，期间保持锅盖盖好；
• 随后将鸡腿放入冷水中 15 分钟，然后放入腌汁。压上重物（比如翻过来的盘子），放入冰箱至少 12 小时。

第二天早上

• 沥干鸡腿，在厚的地方对半切，再用专门的剁刀切块，或者也可以剔骨后切块；
• 准备酱汁，混合绍兴酒、玫瑰酒、盐和糖；
• 将鸡肉放入大碗中，浇上酱汁；
• 常温静置 30 分钟。

品尝之前，将凉好的鸡肉带汁规整地摆盘。

Cuisses de cailles croustillantes

椒盐鹌鹑

一大盘的量 • 准备时间：5 分钟＋6 小时（腌制）＋10 分钟 • 烹饪时间：15 分钟
• 难度：简单

420 克鹌鹑腿（大约 20 只腿 ）	腌汁
大约 2 汤匙土豆淀粉	3~4 颗八角
10 根左右的葱	2 根桂皮
食用油	15 克生姜片
少量盐、黑胡椒和花椒	1.5 汤匙绍兴黄酒
	1.5 汤匙酱油
	2 根葱

准备腌汁

- 冲洗八角、生姜和桂皮；
- 将它们同鹌鹑腿一起放入大碗；
- 加入黄酒和酱油；
- 将葱切成 4 段加入腌汁，混合均匀。

煮鹌鹑腿

- 腌制 6 小时后取出鹌鹑腿，其他配料放在一旁；
- 将淀粉放入一个小盘子，把鹌鹑腿滚动裹上淀粉。适度按压使得淀粉能很好地沾在鹌鹑腿上，用手掌将鹌鹑腿略微压扁（这一步使鹌鹑腿更容易煮熟），备用；
- 葱去根，清洗，沥干后切碎。在一口大锅中加入一定深度的食用油加热；
- 放入鹌鹑腿，炸至两面金黄。大约 10 分钟能够炸熟；
- 当鹌鹑腿变成金黄色时，捞出鹌鹑腿放到吸油纸上；
- 倒掉食用油以及里面的油渣，重新给锅加热，倒入葱翻炒 1 分钟；
- 再将鹌鹑腿放入锅中，加盐，撒入黑胡椒和花椒，再炒 2~3 分钟。

趁热品尝，当然要用手拿着吃。

老鸡汤

Bouillon de poule, igname, pétoncles séchés

如果只能有一道汤的话，那必定是这道鸡汤。味道丰富，在火腿和干贝的作用下异常鲜美，我真的超级喜欢这道汤。我儿时的安抚菜肴，最简单有效的，就是一碗米饭浇上鸡汤。给山药去皮时需要注意：戴上手套，防止山药的汁液引起皮肤发痒或者轻微发炎。

一大锅的量 • 准备时间：20 分钟 • 烹饪时间：2 小时 45 分钟 • 难度：简单

1 只大约 1.2 千克的母鸡	10 粒干贝
40 克生姜	500 克山药（或者更多）
2.5 升水	
3 根葱	**工具**
3 汤匙绍兴黄酒	1 副乳胶手套
120 克帕尔马火腿（或者其他类似火腿）	

- 将鸡切成 4 块，用刀切去鸡翅尖；
- 用刀面用力地将生姜拍扁；
- 焯一下鸡肉，清洗后放入煮锅；
- 加入 2.5 升水、生姜、葱、火腿、干贝、黄酒，盖上锅盖煮至沸腾；
- 改文火煮 2 小时 30 分钟，始终保持锅盖盖好；
- 提前 20 分钟，戴上手套给山药去皮切块。山药块不要太小，否则会在汤里煮烂消失；
- 将山药放入汤中一起煮最后的 15 分钟；
- 上菜前，去掉鸡骨头，鸡肉放回汤中。

尽管汤已经非常鲜美了，但我还是很喜欢加入一些米饭，这样更加美味。

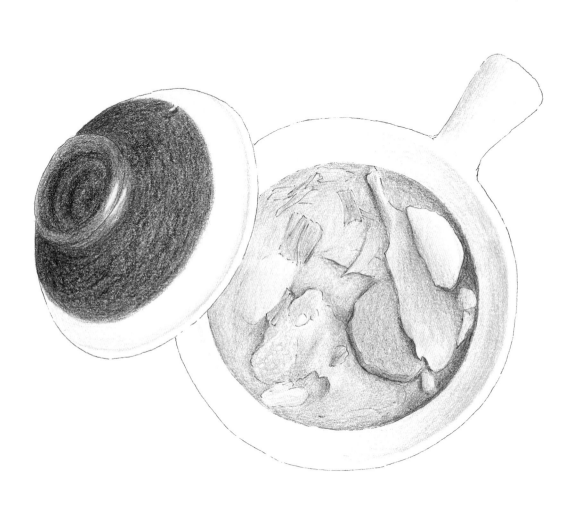

Potage pékinois

在我姐姐的要求下——主要是因为我不想跟她生气——我整理了父亲的酸辣汤菜谱。我猜她想要菜谱并不是准备自己做这道菜，而更有可能的，是为了如果有一天我接手父亲的工作，菜谱不会在这之前就丢失了。

6~8 碗的量 • 准备时间：25 分钟 • 烹饪时间：1 小时 40 分钟 • 难度：简单

800 克鸡骨架	3 个鸡蛋
300 克去骨鸡腿肉	1.5 汤匙老抽
100 克冬笋（冷冻）	3 汤匙生抽
10 克干香菇	3 汤匙米醋
155 克豆腐	1 汤匙芝麻油
2 片白火腿	½ 汤匙白胡椒
2.5 汤匙淀粉＋5 汤匙水	2 根葱，切碎

- 正式开始前的几小时，将干香菇放入一碗冷水中泡发，同时让速冻的冬笋解冻；

- 将鸡骨架切开，在锅中焯一下，清洗沥干；
- 将鸡骨架再次放入一口干净的煮锅中，加水淹没（水的量足够使所有的骨架刚好被浸没），煮至沸腾。沸腾后，继续加盖文火煮 1 小时；
- 随后加入鸡腿肉，继续煮 15 分钟（如果鸡腿肉不够熟，没有关系，因为它们随后会被切片并且放入汤中继续煮）；
- 将所有的鸡骨架和鸡肉捞出，过滤汤汁，将汤汁倒回锅中；
- 鸡腿肉切片；

- 切冬笋、香菇、（洗净的）豆腐、鸡肉和火腿；
- 将香菇、冬笋放入汤中煮沸；
- 加入豆腐、鸡肉、火腿、胡椒；
- 在一个小碗中混合水和淀粉；
- 当汤再次沸腾时，调小火，一点点地加入淀粉与水的混合物，并且不断搅拌使汤变得均匀，这时汤会变浓；
- 打发鸡蛋，浇到汤的表面，注意不要搅动；
- 最后，加入酱油、醋和芝麻油。

每个碗内撒入一些葱花，即刻享用。

鱼类和甲壳类

POISSONS & CRUSTACÉS

清蒸鱼
Dorade à la vapeur

豆豉蒸鱼
Bar à la vapeur aux haricots noirs

清炒虾
Crevettes sautées aux noix de cajou

煎釀三宝
Petits farcis aux crevettes

虾多士
Toasts aux crevettes (hatosi)

鱼头豆腐汤
Soupe de poisson et tofu

Dorade à la vapeur

清蒸鱼

每周日，我们都去祖父家聚餐。餐桌上至少有七八道菜，其中会有一整条蒸鱼，有时是鲈鱼，有时是鲷鱼，有时是鲮鱼或者其他品种。无论什么品种，鱼是肯定少不了的。鱼一般都是清蒸的，浸在汤汁中，尤其是热热的油中，味道更香。

准备时间：15 分钟 • 烹饪时间：15 分钟 • 难度：简单

---

1 条鲷鱼，去鳞、清理内脏	酱汁
½ 汤匙绍兴黄酒	1 汤匙食用油
5 根葱	1 汤匙芝麻油
30~40 克生姜	½ 咖啡匙糖
	1 汤匙凉开水
	2 汤匙酱油

- 葱姜切片；
- 将鱼放入一个盘子，在鱼肉上切几道口，垂直于鱼的方向在鱼下方放一根筷子（为了让蒸汽更好地循环）；
- 淋上黄酒；
- 蒸制 15 分钟左右，再将鱼挪到一个更大的盘子，摆上生姜和葱。

酱汁

- 在一个碗内混合凉开水、酱油和糖；
- 在一个小锅中，加热食用油直至开始冒烟，然后浇到鱼上。

最后一步，将所有酱汁浇到鱼上。

Bar à la vapeur aux haricots noirs

豆豉蒸鱼

准备时间：10 分钟 • 烹饪时间：17 分钟 • 难度：简单

1 条鲈鱼（大约 750 克），去鳞、清理内脏	1 汤匙豆豉酱（李锦记蒜蓉豆瓣酱）
酱汁	2.5 汤匙酱油
1.5 汤匙食用油	1 咖啡匙糖
1.5 汤匙芝麻油	1 汤匙水
3 瓣蒜，切末	5 根葱，切末

- 将鱼切成两段，每段上切几道口，放置在盘子上，底下放一根筷子（便于蒸汽在鱼下方流通）；
- 将盘子放在蒸锅中蒸 17 分钟（这是蒸熟 750 克鱼需要的时间）。

酱汁

- 在一个热锅中倒入油，几秒后放入蒜和豆瓣酱，混合均匀；
- 最后加入酱油、糖、水和葱，关火。

将酱汁倒在鱼肉上，趁热享用。

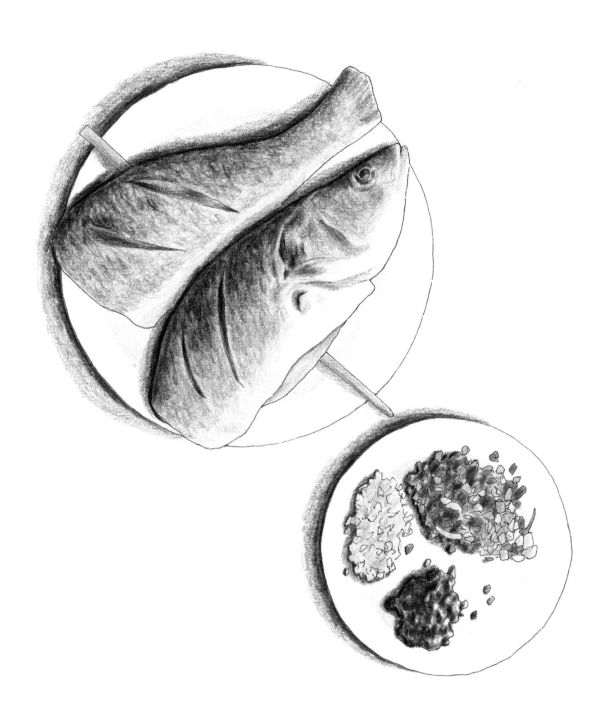

Crevettes sautées aux noix de cajou

清炒虾

　　我母亲不擅长烹饪虾，尤其是这道菜，但这是我父亲最爱的菜之一。这道菜成功与否的先决条件就是虾的新鲜程度，是新鲜的还是冷冻的。

一大盘的量 • 准备时间：30 分钟＋30 分钟（沥干）＋6 小时（腌制）• 烹饪时间：10 分钟
• 难度：中等

---

800 克未去壳的生虾尾
（最好是马达加斯加虾）
2 大把腰果
1 小杯＋1 大杯葵花籽油

腌汁
½ ~ 1 咖啡匙盐
3 咖啡匙土豆淀粉
1 个鸡蛋的蛋白

酱汁
1 咖啡匙糖
½ 咖啡匙淀粉
1.5 汤匙绍兴黄酒

- 给虾去壳，切开虾背取出肠线；
- 清洗沥干 30 分钟，然后用厨房纸吸干；
- 在大碗中放入虾、盐、淀粉和蛋白，用手用力抓匀；
- 存在密封容器中冷藏至少 6 小时。

- 在此期间，中火加热炒锅中的少量油，倒入腰果煎 2~3 分钟直到微微变成金黄色。沥干后放到厨房用纸上；
- 大火加热炒锅中的一大杯油。油一旦热起来，将一半虾仁一只一只地摊放入油锅，轻轻地翻动以免粘在一起。2~3 分钟后，沥干备用。剩下的一半用同样的方法处理，随后将油倒掉；
- 在一个小碗中制作酱汁，混合糖、淀粉和黄酒。

- 将虾仁再次倒入炒锅，加入酱汁立即翻炒。食材在淀粉的作用下会立即变浓稠；
- 撒上腰果。

尽快享用。

Petits farcis aux crevettes

我母亲的这道菜在我们家的经典菜式中是比较新的。做这道菜需要极大的耐心，处理豆腐需要非一般的精细，但是成果非常值得这样的努力。

一大盘的量 • 准备时间：15 分钟＋1 小时（浸泡）＋1 小时 10 分钟 • 烹饪时间：40 分钟
• 难度：中等

---

8 个干香菇	馅料
1 块嫩豆腐（净重 800 克）	500 克未去壳的虾尾
2 根紫茄子（细长）	（最好是马达加斯加虾）
2 咖啡匙酱油	150 克荸荠（盒装或速冻，
1 咖啡匙糖	比新鲜的更容易处理）
食用油	2 根葱
	2 咖啡匙绍兴黄酒
	½ 咖啡匙盐
	½ 咖啡匙白胡椒

- 清洗香菇，浸泡在一碗温水中大约 1 小时。在此期间，准备馅料……

馅料

- 给虾去壳；
- 如果荸荠是速冻的，将其放入一碗水中解冻；
- 取出虾的肠线；
- 将虾放入搅拌机打碎 3 秒，备用。如果搅拌机容量较小，分几次来做；
- 荸荠切成小块，与虾肉泥混匀；
- 加入绍兴黄酒、盐、胡椒、洗净切碎的葱，混合均匀；
- 为了确定馅料的调味，可以在水中煮或者平底锅中煎熟一点点馅料来尝味道。

烹调馅料

- 从水中取出香菇（注意不要倒掉碗里的水）；
- 切掉香菇的根，只留下上部，清洗后用手把水压出；
- 把香菇放在一个盘子中，在香菇"帽子"里面放一些淀粉（用手指轻轻地反复按压），将虾馅料放入其中；
- 清洗豆腐，非常小心地切成 16 块（大约 2 厘米高，4 厘米长）。因为一定会有切坏的情况，最后大约有 12 块能用的；

- 用小勺子在豆腐上挖出洞，放入淀粉和馅料；
- 茄子斜着切块，大约 3 厘米厚（一根茄子大约切成 7 块）；
- 茄子中间切缝，嵌入馅料；

烹饪

- 在一个大平底锅中大火加热一层油；
- 馅料朝下，将豆腐、香菇中的馅料煎几分钟至金黄，然后翻转过来。翻转豆腐的时候需要特别小心避免弄坏豆腐块；
- 加入一些水到淹没香菇的位置，煮大约 5 分钟（这一步的目的是让豆腐入味）。取出香菇和豆腐备用；
- 大火加热平底锅，将茄子的馅料朝下煎几分钟至金黄，翻转后重新将香菇放入锅中，然后倒入泡香菇用的水；
- 盖上锅盖后文火炖 5 分钟；
- 加入酱油和糖，让香菇和茄子继续在大火中煮约 1 分钟。

将三宝放入盘子中，淋上汁，趁热享用。

虾多士

Toasts aux crevettes (hatosi)

这道菜一般会在我姐姐的生日聚餐的菜单中出现，在宴席正式开始前就被分食一空。

一大盘的量 • 准备时间：35 分钟 • 烹饪时间：15 分钟 • 难度：简单

---

400 克虾仁	⅔ 咖啡匙盐
6 个荸荠（速冻或盒装）	5 片面包，去掉面包皮
1 个鸡蛋的蛋白	½ 汤匙土豆淀粉
1 汤匙绍兴黄酒	黄芝麻
⅙ 咖啡匙白胡椒粉	食用油

- 给虾去壳，用搅拌机打碎；
- 用刀面拍扁荸荠，随后切碎，但不要切得太小以保持其脆爽的口感；
- 虾和荸荠都倒入一个大碗中；
- 混入蛋白和胡椒粉，用手抓匀（如果想要晚些再做虾多士，可以到此将混合物冷藏）；
- 加入淀粉，混合均匀；
- 将糊分成 5 份，揉成球状后放在面包芯上；
- 用一只湿的刮刀将糊均匀地抹在面包上，将周边刮光滑。整个表面要平整不能有凸起；
- 撒上芝麻，用手指轻按使其粘住；
- 准备油炸锅。当油足够热时，将虾多士平放煎大约 3 分钟，每隔一分钟翻面。沥干，每块虾多士切成 10 条。

立即享用。

Soupe de poisson et tofu

魚
头
豆
腐
汤

我最爱的鱼汤，大火煮开后得到牛奶般的汤汁，有很多豆腐块散落在鲜亮的金黄色汤中。如果要准备更大量的汤，我父亲会用其他鱼，比如鲫鱼。

5~6 碗的量 • 准备时间：15 分钟 • 烹饪时间：30 分钟 • 难度：简单

---

1 整条清除内脏、去鳞的鲈鱼（大约 600 克）	3 汤匙食用油
1 盒嫩豆腐（净重 500 克）	½ 咖啡匙盐
30 克生姜	¼ 咖啡匙白胡椒粉
2 根葱	
2 汤匙绍兴黄酒	**可选**
780 毫升水	白萝卜条

- 鱼切两半，两面切几道口；
- 生姜切成两半，用刀面拍扁；
- 炒锅中大火热油，放入鱼，两面各煎 1 分钟；
- 加入葱和生姜，2~3 分钟后，倒入黄酒和水，盖上锅盖，大火煮 30 分钟*（大火烹煮能使鱼汤变白，像牛奶的质感一样）；

- 在此期间，处理豆腐：将豆腐切块（不要太小），放入冷水中煮沸。立即捞出沥干后浸入冷水；

- 当汤煮好时，将沥干的豆腐块慢慢放入汤中，加盐和胡椒调味。

撇去浮油后趁热享用。注意鱼刺。

*如果想加入萝卜条，切丝后在汤快要煮好前的几分钟加入汤中。

鸡蛋和蔬菜

ŒUFS & LÉGUMES

韭菜炒蛋
Œufs sautés à la ciboulette chinoise

番茄炒蛋
Œufs sautés à la tomate

炒苋菜
Feuilles d'amarante sautées à l'ail

辣黄瓜
Salade de concombre au piment

萝卜糕
Gâteau de radis blanc (lo bak go)

Œufs sautés à la ciboulette chinoise

韭菜炒蛋

对于我而言，这道菜代表童年的味道。我的祖父母准备这道菜时飘出诱人的香味，一道简单淳朴的菜品却带有永远难忘的印记。

父亲和我对这道充满回忆的菜有同感。

韭菜鲜明的味道非常好，和鸡蛋一起成为绝配。

一大盘的量 • 准备时间：10 分钟 • 烹饪时间：5 分钟 • 难度：简单

---

100 克韭菜

3 个鸡蛋

1 汤匙食用油

大约 ½ 咖啡匙盐

- 清洗韭菜，沥干后切碎；
- 在小碗中打鸡蛋，加入 ¼ 咖啡匙盐，搅匀；
- 锅中大火加热食用油，倒入韭菜翻炒 30 秒，加入 ¼ 咖啡匙盐；

  将鸡蛋液倒入锅中，用筷子或木勺子轻轻地搅拌。鸡蛋熟了以后，这道菜就算完成了。当然您喜欢的话也可以等鸡蛋再变金黄一点。

Œufs sautés à la tomate

番
茄
炒
蛋

这是一道简单又非常常见的菜，但是我母亲用特别的方法制作：她会让番茄煮软出汁，会加入番茄酱和酱油，甚至会用到橄榄油。她是从一个香港的姨婆那里学到这个菜谱的，这位姨婆也是给我们提供鸡蛋的人。

一大盘的量 · 准备时间：10 分钟 · 烹饪时间：10 分钟 · 难度：简单

6 个番茄	1 汤匙糖
6 个特别新鲜的鸡蛋	1 汤匙橄榄油（没错，没错，是橄榄油）
2 咖啡匙番茄酱	1 汤匙食用油
½ ~ 1 咖啡匙酱油	盐

* 割开番茄放入沸水中 10 秒后，去皮，切成小块；
* 在小碗中打鸡蛋，加入少量盐；
* 大火加热锅中的油，倒入鸡蛋液 1 分钟后完全炒熟，不断搅动以免颜色过于金黄（鸡蛋应该还是保持一定流质状态），放到一旁备用；
* 清洗锅子，加热橄榄油；
* 放入番茄炒大约 10 分钟，在这期间番茄会慢慢出汁溶化；
* 加入糖、番茄酱、酱油，混合均匀。

再把鸡蛋放入锅中炒 1~2 分钟，需要的话再加一些盐，就可以配白米饭享用了。

Feuilles d'amarante sautées à l'ail

炒
苋
菜

　　大部分绿叶菜（菠菜、绿豆芽等）都可以用这种方式烹饪：很快地炒熟，加一点黄酒，有时候再加点蒜。

　　苋菜煮熟以后很特别，会出很好看的玫瑰红色菜汁。

一大盘的量 • 准备时间：10 分钟 • 烹饪时间：6~7 分钟 • 难度：简单

---

500 克苋菜	¾ 咖啡匙糖粉
4 瓣蒜	½ 汤匙绍兴黄酒
¾ 咖啡匙盐	2 汤匙油

- 认真洗几遍苋菜，直到完全洗净泥沙；
- 择出叶茎；
- 用刀面将蒜瓣拍扁，去皮，切碎；
- 在锅中加热食用油，翻炒蒜和苋菜梗 1 分钟；
- 加入菜叶、盐、糖和绍兴黄酒，再炒大约 5 分钟。最后我们会看到自然的玫瑰色菜汁。

配白米饭享用。

Salade de concombre au piment

这道菜是特地为热爱重口味的人准备的！

一盘的量 • 准备时间：20 分钟 • 静置时间：2 小时＋ 12 小时 • 难度：简单

---

2 根大黄瓜（大约共 1 千克）	1 汤匙葵花籽油
1.5 ~ 2 汤匙盐	1 汤匙芝麻油
45 克生姜	140 克糖
2 个中等大小的红辣椒（大约 12 厘米）	130 毫升白醋
1 咖啡匙花椒	1 咖啡匙盐

准备黄瓜

- 黄瓜对半切成长条，去掉中间的瓤；
- 再把黄瓜切成大约 7 份长条，放入大碗中；
- 加入盐和水，上面压上重物（比如一个扣过来的盘子），静置 2 小时。

2 小时后

- 生姜去皮；
- 辣椒和生姜切丝，备用；
- 沥干黄瓜，用布包住卷起来，用力挤出水（大约重复 3 次）。黄瓜放入大碗中，再加入辣椒和生姜；
- 在一个小锅中加热葵花籽油、芝麻油和花椒直到冒油烟。取出花椒粒，将热油浇到黄瓜上；
- 在另一个碗中，混合糖、盐和醋，同样浇到黄瓜上；
- 重新压上重物，冷藏 12 小时。

12 小时以后

捞出腌汁中的辣椒和生姜。

取出黄瓜条，切成 3 段。整齐地摆放在盘子里，上面放上生姜和辣椒。淋上用醋调味的腌汁。

Gâteau de radis blanc (lo bak go)

一盘的量 • 准备时间：25 分钟 • 静置时间：1 小时 20 分钟 • 难度：简单

5 个小干香菇	10 克蔗糖
30 克虾干	¼ 咖啡匙盐
100 克烟熏肉丁或 1 根腊肠（见本书 39 页）	1 撮白胡椒
500 克白萝卜	100 毫升热水
1.5 汤匙食用油	110 克面粉

- 去掉香菇根，将香菇切碎；
- 同样切碎虾仁干，如果用腊肠的话也切碎；
- 白萝卜削皮，切成块状后用机器擦成丝；
- 锅中放入 ½ 汤匙油加热，放入香菇、虾、肉丁 / 腊肠翻炒 5 分钟，备用；
- 锅中倒入 1 汤匙油，翻炒萝卜丝，加入盐、糖和白胡椒粉；
- 放入葱、水和面粉，混合均匀，得到糊状物；
- 混入香菇、虾、烟熏肉丁 / 腊肠，混合均匀；

- 在一个直径大约 20 厘米的盘子上涂上油，把面糊摆在盘子上，将表面刮匀；
- 放入蒸锅蒸 1 小时，然后让其完全冷却。

将萝卜糕切成长条，享用前一定要回锅，少油煎至表面金黄，完成以后蘸着是拉差香甜辣椒酱（Sriracha Hot Chilli Sauce）和酱油吃。

米饭、面条、包子、饺子
RIZ, NOUILLES, PAINS, RAVIOLIS

冷拌面
Nouilles froides à la sauce sésame et cacahuète

菜肉包
Bao au porc et au cresson

花卷
Petits pains vapeur pliés et torsadés (hua juan)

水饺
Raviolis (shui jiao)

白菜饭
Riz au pak choi à l'autocuiseur

鸡粥
Bouillie de riz au poulet

Nouilles froides à la sauce sésame et cacahuète

一大盘的量 • 准备时间：20 分钟 • 静置时间：5 分钟 • 难度：简单

200 克小麦面	酱汁
120 克豆芽	50 克花生酱
190 克黄瓜	50 毫升水
1 只鸡腿，煮熟并去骨	1 汤匙生抽
½ 片白火腿	½ 汤匙老抽
食用油	½ 汤匙黑米醋
烤制过的黄芝麻	¾ 汤匙糖粉
	¼ 咖啡匙盐
	1 汤匙芝麻油

- 按照面条包装上的说明煮熟面条。沥干后用凉开水冲洗，倒入一点食用油后混合均匀；
- 准备酱汁，在一个大碗中把所有原料混合；
- 在沸水中焯煮豆芽 1 分钟；
- 黄瓜去皮，去掉中间的部分，剩下的切丝；
- 将鸡腿肉切成长条形，用同样的方法切火腿。

在一个大盘子中放上面条、黄瓜、豆芽、鸡肉和火腿。淋上酱汁，撒上芝麻。

菜肉包

Bao au porc et au cresson

很久之前，那时包子远不如今天这般流行，我父母在餐馆的午市套餐中提供手工包子。让人无奈的是，客人经常要求把包子换成其他菜，有的甚至尝都不曾尝过。最后我父母只好把包子从菜单中删除。讽刺又令人哭笑不得的是，如今包子却大受欢迎。我们家和很多中国家庭一样，所有人都喜欢包子。我最喜欢的就是菜肉包，它如此美味以至于我们都不相信那是豆瓣菜做的。

大约 20 个包子的量 • 准备时间：约 1 小时 30 分钟 • 静置时间：1 小时 50 分钟（夏天）／ 2 小时 50 分钟（冬天）• 烹饪时间：10 分钟 • 难度：中等

包子皮

500 克 T55 面粉（高筋面粉）

10 克糖粉

20 克面包鲜酵母

250 毫升水（大约）

馅料

330 克猪前胸肉

1 根大葱，切碎

1 块拇指大的生姜，切碎

1 咖啡匙绍兴黄酒

½ 咖啡匙老抽

1.5 咖啡匙生抽

1.5 咖啡匙糖粉

1 撮胡椒粉

1 汤匙水

1 汤匙食用油

1 捆豆瓣菜

⅓ 咖啡匙盐

⅓ 咖啡匙糖粉

1 咖啡匙芝麻油

包子皮

- 在一个大碗中混合糖和面粉；
- 将酵母放入 100 毫升水中溶解，随后倒入面粉中；
- 开始用手搅拌，逐步加入剩下的水；
- 取出一半面团，在一个撒过面粉的平面工作台上使劲揉面 5 分钟。面团放回大碗中，用同样的方法处理另一半面团；
- 用一块潮湿的布盖住面团，根据季节不同静置 1 到 2 个小时，直至面团膨胀到原体积的两倍大。

馅料

- 猪肉烫煮 30 分钟（从冷水开始煮），冷却后切成丁，备用；
- 炒锅中加热食用油，翻炒生姜和大葱；
- 大约 20 秒后，加入猪肉炒匀；
- 加入黄酒、酱油、糖和胡椒粉。

- 静置冷却
- 清洗豆瓣菜，烫煮 2 ~ 3 分钟，随后平放入冷水中；
- 初步沥干豆瓣菜，切碎，然后放到一块干净的布上；
- 合上布，用力挤压脱干菜里的水分；
- 在大碗中混合豆瓣菜、盐、糖、芝麻油；
- 加入猪肉丁。再次混匀，馅料就准备好了。

制作包子
- 取出一半面团，再次用力揉 5 分钟。如果面团太黏，可以撒上少许干面粉；
- 将面团搓成长条形（直径 3 ~ 4 厘米）；
- 一只手托起长面团，另一只手摘取小面团（如一个小李子般大小）。将小面团放在工作台上，用手掌压扁（需要的话撒上面粉）；
- 用手掌或者擀面杖将圆面饼的周边压薄；
- 一只手拿着面片，另一只手放上馅料。随后用加馅料的手的拇指和食指，边重叠边捏着将面皮的边缘合上（用食指将面皮叠向拇指捏紧）。

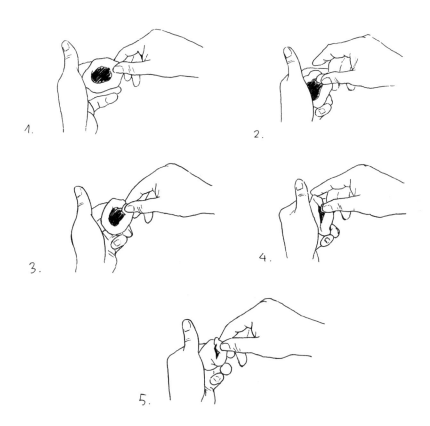

菜肉包（续）

- 将每个包子各放在一块方形油纸上，静置 10 分钟；
- 在此期间，用同样的方法制作剩下的包子；
- 第二批包子制作完成后，将第一批制作的包子放入竹蒸笼蒸 10 分钟。随后蒸剩下的包子。

趁热享用。

Petits pains vapeur pliés et torsadés (hua juan)

我一直都记得外婆在她家餐厅桌子上做花卷的场景。她做的花卷有一点甜，我们边吃边展开花卷，非常美味。

除了花卷，我父亲还给我展示了其他样式的面点。我特别喜欢跟着他一起动手。

大约 35 个小花卷的量（20 个花形花卷＋15 个经典花卷） • 准备时间：35 分钟
• 静置时间：1 小时 30 分钟 +20 分钟（夏天）／2 小时 30 分钟 +20 分钟（冬天）
• 烹饪时间：6~7 分钟 • 难度：简单

---

500 克面粉	工具
25 克鲜酵母	1 把油刷
1.5 汤匙糖	1 把梳子（或者叉子）
280 毫升水	1 支筷子
1 汤匙油＋少量用于涂刷面团的油	1 块布
¼ 咖啡匙干酵母	

---

* 在一个大碗中混合糖和面粉；
* 将鲜酵母放入盛有水的小碗中搅开，再倒入面粉中；
* 用手搅拌直到成球形；
* 在工作台上揉 2~3 分钟；
* 把面团放回大碗，盖上湿布，静置 1 小时 30 分钟（夏天）到 2 小时 30 分钟（冬天）；
* 在此期间，将厨房油纸剪成 5 厘米 × 5 厘米的正方形；

* 静置完成后，拿出面团，压扁，在中间加入食用油和干酵母；
* 将面团周边揉向中心，揉 2 分钟；
* 面团切成两份；

花形花卷

- 第一份面团，搓成直径大约 4 厘米的长条形（另一份面团用湿布包好放在一旁待用）；
- 将面团分成 20 份，在撒有面粉的工作台上轻轻压扁；
- 继续压扁成直径大约 6 厘米的面片（周边薄于中间）；

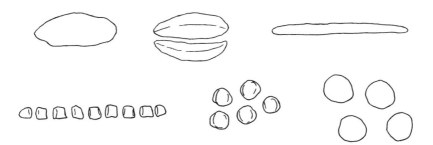

- 在每个面片的上面刷上油，揉匀；
- 根据喜好做成不同形状的花卷。

花瓣

- 面片对折，用刀在开口的方向切两个凹槽；
- 用食指和拇指展开花瓣，将两边捏到一起形成底部。

三叶草

- 面片对折，用梳子在面皮上印出成排的小洞；
- 一只手拿着梳子的尖头在面皮上切两个口做成三叶草的形状，另一只手的拇指和食指捏紧形成底部。

花卷（续）

心形

- 用梳子的齿在面团上印出成排的小洞；
- 一只手拿着梳子的尖头将面边的一点压到中心，另一只手的食指和拇指捏紧底部，做成心形。

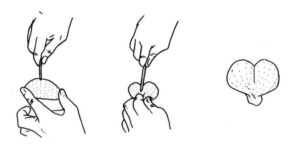

经典花卷

- 从湿布中取出另一份面团，压成大约 40 厘米 ×30 厘米的长方形；
- 在面团表面涂满油，朝着自己的方向卷面团，形成一个长面团，分成 15 份；
- 在每个小面团的中间，用筷子向下压，朝自己的方向折叠，再次用筷子在中间压实（见图解）。

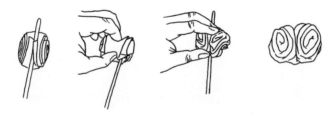

烹饪

- 将面团放到蒸笼中的方形油纸上，静置大约 20 分钟；
- 大火蒸 6~7 分钟。想要知道花卷是否熟透，可以用手指按压，熟了的情况下按压印会消失。不要蒸太久，否则花卷会陷下去。

趁热享用。可以做成三明治，夹入叉烧、烤鸭、生火腿或肉松（撕开的肉干）。后面的这种吃法是我的最爱，代表了我童年零食的味道。

友情提醒

- 这样的面点放在密封的袋子中可以冷藏几天。
- 想要再加热的话，只需要再蒸 2~3 分钟。
- 也可以蒸熟了之后立即冷冻。这种情况下，再加热的时候蒸 4~5 分钟。

Raviolis (shui jiao)

水饺

大约 40 个饺子的量 • 准备时间：1 小时 • 静置时间：30 分钟 • 烹饪时间：5 分钟 • 难度：简单

面皮	2 咖啡匙绍兴黄酒
380 克 T45 面粉（高筋面粉）	1 汤匙生抽
210 毫升水	1 咖啡匙老抽
	140 毫升水
馅料	½ 咖啡匙盐
300 克猪前胸肉馅	½ 咖啡匙白胡椒粉
90 克小葱（大约 12 根），切末	1.5 咖啡匙糖粉
15 克生姜，去皮切末	1 汤匙食用油
	1 汤匙芝麻油

- 在一个大碗中放入面粉，加入水，用手指搅拌 2 分钟。将面团放到工作台上揉 2 分钟。再次放回碗中，盖上湿布静置 30 分钟；

- 在碗中混合肉、生姜、小葱。加入黄酒、生抽、水、盐、胡椒粉，用手拌匀。加入油，再次拌匀。备用；

- 拿出面团，再简单地揉一下，切成两份。每一份都搓成长条形，再各分成 20 份（每份大约 1.5 厘米长）；

- 在撒了面粉的工作台上压扁小面团，再擀成直径大约 7 厘米的面片（周边薄于中间）。

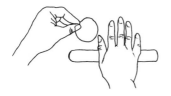 

- 放一小勺馅料到饺子皮的中间，对折后用拇指和食指用力按压两边（见图解）。 重复这一动作直至面皮和馅料成为一体。

烹饪

- 锅中煮沸水，放入饺子。再次沸腾时，加入一点冷水。边翻动边等待再次沸腾。烹饪时间大约为 5 分钟。

饺子很容易冷冻保存，冷冻后的水饺大约需要 10 分钟煮熟。

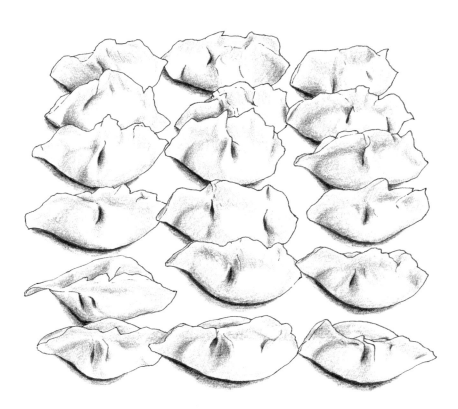

Riz au pak choi à l'autocuiseur

　　我外婆特别喜欢做这道白菜饭，这也是她自己最喜欢的菜之一。当有腊肠*（中国香肠）时外婆会用它来代替火腿，或者只用蔬菜。淘米水会被她用来浇灌植物！我到很晚才开始喜欢这道菜。如今做这道菜，是为了寄托对她的思念。

大约 6 碗的量 • 准备时间：15 分钟 • 静置时间：30 分钟 • 烹饪时间：35 分钟 • 难度：简单

---

6 个干香菇，用水泡开	4 杯米
6 棵小白菜	4 杯水
20 克生姜	2 汤匙食用油
100 克生帕尔马火腿或伊比利亚火腿	2 汤匙酱油
	1 咖啡匙芝麻油

配菜

- 香菇去掉根部后切成小丁；
- 洗净小白菜，斜刀切。注意不要切得太小，否则在烹煮过程中会缩到很小；
- 生姜去皮切成丝，火腿切成小丁；
- 在煮锅或者炒锅中，加热食用油，来回翻炒生姜、香菇和小白菜大约 5 分钟。翻炒过程中倒入酱油，炒完后加入芝麻油。静置冷却一会儿。

米

- 在自动电饭锅**的内胆中，多次清洗大米，直到淘米水不再浑浊。沥掉淘米水后将内胆放入电饭锅中。
- 将配菜铺放在米上，加入清水。
- 开始煮饭。

　　煮熟之后，将饭和菜混合均匀，即可享用。

　　* 如果您能买到从香港进口的腊肠（广东香肠），一定比法国产的香肠更适合。您也可以用两条香肠替代火腿（将它们完整地放入电饭锅，煮熟后切片）。腊肠比米饭散发出更多的香气。

　　** 如果您的电饭锅像我的一样是基础款，有时候会出现饭还没有煮熟就自动关闭的情况。这时不用担心，只需要稍等一会儿，再次按下开机按钮就好。

Bouillie de riz au poulet

鸡粥

在中国和其他大部分亚洲地区，粥是极其受欢迎的食物。它适合在一天的任何时候做来吃，早餐时享用和其他时候一样美味。当然，它可以搭配肉松（撕碎的干肉）、花生或榨菜（腌制发酵过的芥菜根），也可以配着肉、皮蛋和其他很多食材食用。用鸡肉做这道菜非常美味，不过话又说回来，鸡肉怎么做都好吃！

至少 6 碗的量 • 准备时间：15 分钟 • 烹饪时间：1 小时 20 分钟 • 难度：简单

1 只鸡骨架	1 汤匙绍兴黄酒
1.5 升水	¾ 杯长米（泰国茉莉香米，印度香米）
3 个干贝	1 咖啡匙食用油
100 克鸡胸肉	⅛ 咖啡匙白胡椒粉
25 克生姜	¾ 咖啡匙盐
2 根葱	

- 煮锅中放入水和鸡骨架，加热；
- 加入弄碎的干贝、对半切开后用刀面拍扁的生姜、一根劈开的葱、绍兴黄酒、鸡胸肉，盖上锅盖煮到沸腾；

- 清洗大米，放入碗中加入食用油，搅拌米粒使其完全被油包裹；
- 等到锅里的食材一煮开，就加入大米。再一次沸腾时，调成小火煮 1 小时；
中间煮到 30 分钟时，取出鸡胸肉，切成薄片；

- 粥煮完后，取出生姜、葱和鸡骨架，去掉浮油，放回鸡胸肉。加盐、胡椒粉。

最后撒入另一根切碎的葱，就可以享用了。

甜食
SUCRÉ

豆沙包
Bao aux haricots rouges

莲子百合红豆沙
Soupe de haricots rouges

银耳羹
Soupe au champignon blanc

薏米水
Soupe d'orge perlé

冰糖炖雪梨
Poires au sucre candi

年糕
Gâteau du Nouvel An (nian gao)

Bao aux haricots rouges

豆沙包

大约 60 个包子的量 • **准备时间**：15 分钟＋1 小时 • **静置时间**：2 小时
• **烹饪时间**：每一蒸笼 10 分钟 • **难度**：中等

1 千克 T55 面粉（高筋面粉）	约 500 毫升水
20 克糖	1 千克甜红豆（赤豆）沙
42 克面包用鲜酵母（＝1 个方块）	

准备面皮

- 在一个大碗中放入糖和面粉，混合均匀；
- 用 200 毫升的水稀释鲜酵母，随后倒入大碗中；
- 用手搅拌，逐步加入剩下的水；
- 取出一半的面团，在撒过面粉的工作台上用力揉 5 分钟，再放回大碗中。用同样的方法处理另一半面团；
- 用湿布盖上所有的面团，静置大约 2 小时。面团将膨胀到原来体积的两倍。

制作包子（参见第 111 页的示意图）

- 静置过后，取出一半面团，再一次用力揉 5 分钟。如果太黏的话在表面撒干面粉；
- 搓出一根长面条（直径 3~4 厘米）；
- 一只手托起面团，另一只手摘取小面团（如小李子般大小）。将小面团放到撒有面粉的工作台上，用手掌压扁（需要的话手上也可以涂上干面粉）。将面皮的周边用手掌或者擀面杖压薄；
- 面皮放在一只手上，另一只手取核桃大小的豆沙放到面皮上，用刀压实；
- 用另一只手的拇指和食指，边重叠边捏着将面皮的边缘合上（用食指将面皮叠向拇指捏紧）；
- 做好的一个个包子放在方形的油纸上，静置；
- 之后，用同样的方法处理另一半面团。

蒸煮

- 第二批包子做好以后，在竹蒸笼中蒸制第一批包子，蒸 10 分钟。然后用同样的方法蒸第二批包子。

趁热享用。

Soupe de haricots rouges

作为一个地道的香港人，我母亲是制作甜汤的高手，她为我们准备的甜汤常常放有很多有利于身体健康的食材。如果你们像我一样迷恋红豆，那么这道汤就是专门为你们准备的。

大约 8 碗的量 • 浸泡：9 小时＋30 分钟 • 准备时间：5 分钟 • 烹饪时间：3 小时 • 难度：简单

---

250 克红豆（赤豆）

140 克冰糖

40 克干莲子

15~20 克干百合

1.5 升水

可选

少量干橘皮，只是为了丰富汤的香味

- 红豆浸泡至少 9 小时；
- 浸泡完成后，清洗红豆，放入大锅中，加入水，需要时加入干橘皮。盖上锅盖煮至沸腾；
- 加入冰糖，继续盖上锅盖用中火煮。时不时地确认是否煮熟；
- 2 小时后，加入莲子和提前泡开的干百合（冷水浸泡 30 分钟），继续文火煨一个多小时；
- 煮好之后，开盖冷却。

这道汤可以热的时候喝，也可以凉了再喝。

汤在一开始的时候很稀。我更喜欢等到汤变浓稠一点再喝，所以我认为第二天再喝最好不过了。

Soupe au champignon blanc

在所有健康甜汤中，这道汤是家常经典。

千万不要怕尝试银耳，它一点都没有蘑菇的味道，反倒几乎无味。它顺滑的口感更像是海藻。银耳外表美丽，对味蕾来说也是一种享受。试一下吧，您会感到惊喜的。

至少 8 碗的量 • 浸泡时间：30 分钟 • 准备时间：10 分钟 • 烹饪时间：1 小时 • 难度：简单

---

30 克干莲子	6 颗红枣（大约 20g）
15 克干百合	1.5 升冷水
1 朵干银耳（大约 40 克）	150 克冰糖

- 用冷水浸泡莲子和干百合 30 分钟。沥干洗净；
- 用冷水浸泡干银耳 5 分钟，使其泡发；
- 用剪刀剪下银耳的根部（扔掉），多次清洗剩下的部分以去除所有的杂质；
- 用冷水浸泡红枣 1 分钟。沥干；
- 将所有的食材放入大的煮锅中，加入 1.5 升水，盖上锅盖煮至沸腾；
- 煮沸后，继续文火煮半小时；
- 加入冰糖，再煮大约半小时。最后，银耳的口感不应该太硬，也不应该太软。

温热时或冷却后享用。

Soupe d'orge perlé

约 8 小碗的量 • 浸泡时间：30 分钟 • 准备时间：10 分钟 • 烹饪时间：1 小时 30 分钟
• 难度：简单

150 克薏米

20 克干莲子（大约一把）

20 克干百合（大约一把）

45 克白果（大约 20 颗）

1 汤匙枸杞

150 克冰糖

1.5 升冷水

- 分别浸泡薏米、干百合、干莲子半小时；
- 清洗后放入大的煮锅中，加入冷水，盖上锅盖煮至沸腾；
- 在锅盖和锅子间插入一支筷子，给锅盖留出一个缝，文火煮 1 小时；
- 加入白果、枸杞和冰糖，继续煮半小时。汤汁应该是稀薄的。如果汤汁蒸发得太多或者太甜，可以再加一些水。

温热时或冷却后享用。

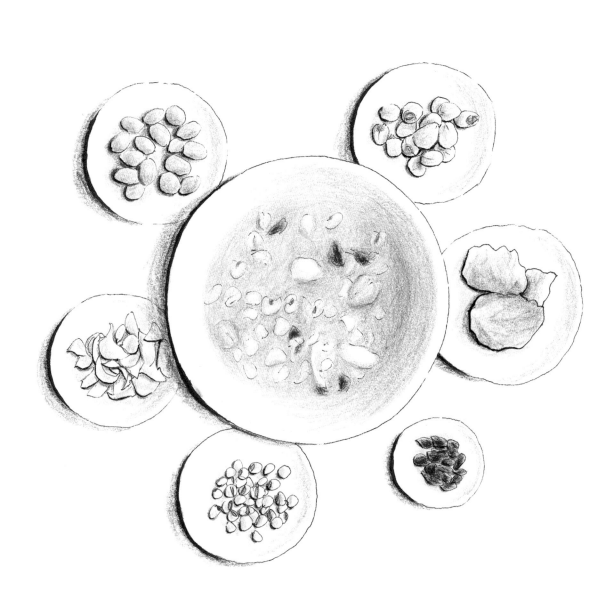

Poires au sucre candi

　　尽管它非常简单，但却有意想不到的药用功效。母亲经常在冬天为我们准备这道甜品，据她说能够预防一些疾病，比如咽喉疾病和咳嗽。我实在是没有办法衡量它的有效性，但是如果效果是好的，有什么理由放弃呢？

---

4 人食用的量 • 准备时间：5 分钟 • 烹饪时间：2 小时 • 难度：简单

4 个雪梨
一些黄冰糖

- 将梨清洗干净；
- 切开梨的顶部，轻轻地挖掉梨核；
- 将梨分别放入小蛋糕模具中，梨中间放入冰糖，盖上顶部；
- 将模具连同梨子放入蒸锅，蒸锅内的水煮开。蒸制 2 小时，直到梨肉完全变软。

趁热或者温热时享用。

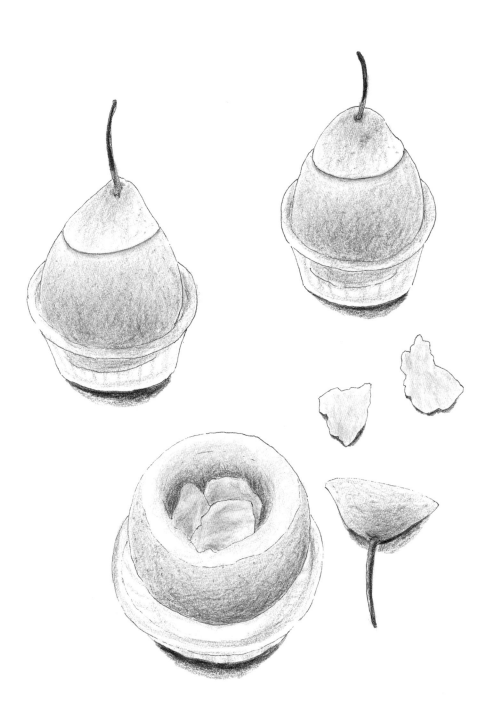

Gâteau de Nouvel An (nian gao)

中国新年的年夜饭有很多寓意：饺子外形似金元宝，鱼象征着富足（"余"）——我父亲总是准备一整条鱼当天享用，另一条鱼用保鲜膜包好留到第二天吃，因为这就象征着将来还有富余——橘子代表吉利，最后，年糕代表成长以及所有事情都节节高。

直径约 28 厘米盘子的量 • 准备时间：10 分钟＋15 分钟 • 静置时间：1 小时 30 分钟
• 烹饪时间：45 分钟＋10 分钟 • 难度：简单

---

4 块片糖	1 汤匙米粉
0.44 升冷水	食用油
1 盒糯米粉（400 克）	1 只鸡蛋

- 在锅中倒入 1 汤匙油，中火化开片糖（可以的话提前将片糖切成小块）；
- 糖完全化开时，加入冷水，混合均匀，煮至沸腾；
- 关火，静置至完全冷却（大约 1 小时 30 分钟）。

- 将糯米粉少量多次地加入冷却后的混合物，用搅拌器混合。一定要混合均匀，避免结块；
- 在一个直径 28 厘米的盘子上抹油，将准备好的材料倒入盘子；
- 准备一个大的竹蒸笼（或一个蒸锅），底下煮沸水；
- 将盘子放入蒸锅，盖上盖子大火蒸 45 分钟。
- 静置使其完全冷却，年糕将会变硬。

食用方法

- 打散鸡蛋；
- 年糕切成条，蘸上鸡蛋液后放入少油的平底锅中煎至金黄，就像制作吐司一样。

感谢

首先，我要向夏洛特·加里玛（Charlotte Gallimard）和萨比娜·布莱德尼亚克（Sabine Bledniak）表达我的感激之情，感谢她们让这部带有强烈个人情感的作品能够得以出版。特别感谢萨比娜付出的精力和颇有感染力的热情。同样感谢贝桑·马（Peisin Ma）出色的配图和排版工作。与这样一个优秀的团队合作是如此愉悦和幸运。

如果没有我父母的协作，这本书不可能与各位见面。我从心底感激他们对我的无私帮助，以及创作这本书的过程中他们的耐心。我也要感谢我的叔叔大维，他帮助我整理了家族的故事。感谢我的表姐厚芬，她交给了我一份我以为早就丢失的祖母的菜谱。

感谢张澄然（Margot Zhang）、亚历山大·枫丹（Alexandre Fontaine）、帕特里克·戈杜（Patrick Cadour）、苏菲·布里索（Sophie Brissaud）、埃斯德海勒·贝亚尼（Estérelle Payany）和戈米娅·欧盖（Camille Oger），用他们的专业照亮了我写作的路，并且在创作过程中给予支持。

感谢阿尔诺·达里波（Arnaud Dalibot）和"桑葚"团队的所有人在食谱编写过程中的款待。

感谢提供饮料的朋友们，弗朗索瓦（François）、多米尼克（Dominique）、康斯坦斯（Constance）、伊莎贝尔（Isabel）、玛拉（Mara），感谢他们的建议、鼓励，尤其是最后几个月每天的咖啡。汽水是友情最好的催化剂。

非常感谢我的姐姐有慧、弟弟有智，以及我所有朋友的亲切支持。

特别感谢我的朋友们，我的幸运守护神麦佩璺（Delphine Mach）、鲁国杰（Kok-Kit Lo）和索妮娅·艾茨古里昂（Sonia Ezgulian）。

最后，感谢无条件支持我的永远的爱人。

出版后记

　　餐桌，对于中国家庭而言，似乎总带有特别的意义。每逢团圆之日，全家老小齐聚一堂，围坐在圆桌旁，同享美味佳肴，长幼有序又和乐融融。

　　常言道：民以食为天。中国百姓和家庭对每日三餐往往十分认真和讲究。而在书中这样一个于海外开办中餐馆的中国家庭里，美食仿佛成为了家族的纽带，传递着更为浓烈的温情。跟随作者的文字，我们看到她的父辈在中餐馆艰苦学徒，邂逅爱情，组建家庭，最终拥有了属于自己的饭店。

　　在柴米油盐中，在灶台旁的烟火气息里，作者就这样渐渐长大。每一种长辈时常做给孩子吃的美食，每一道饭店里食客交口称赞的佳肴，都被她记在心里。带有家族特色又细致入微的食谱，风格清新有温情的手绘插图，都传递着她对于家庭与美食的爱意与自豪。

服务热线：133-6631-2326　188-1142-1266
读者信箱：reader@hinabook.com

后浪出版公司
2019 年 4 月

图书在版编目（CIP）数据

　　一个中国家庭的餐桌 /(法) 张有敏著 ; 管非凡译
. -- 天津 : 天津人民出版社, 2019.6
　　ISBN 978-7-201-14660-7

　　Ⅰ.①一… Ⅱ.①张… ②管… Ⅲ.①食谱—中国
Ⅳ.①TS972.182

　　中国版本图书馆CIP数据核字（2019）第072789号

书名原文: À la table d'une famille chinoise
First published by Editions Gallimard, Paris
©Editions Gallimard, collection Alternatives, 2016.
Simplified Chinese edition arranged through Dakai
Agency Limited

简体中文版权归属于银杏树下（北京）图书有限责任公司
版权登记号：图字02-2019-78

一个中国家庭的餐桌
YIGE ZHONGGUO JIATING DE CANZHUO
[法] 张有敏 著；管非凡 译

出　　版	天津人民出版社		出 版 人	刘　庆
地　　址	天津市和平区西康路35号康岳大厦		邮政编码	300051
邮购电话	（022）23332469		网　　址	http：//www.tjrmcbs.com
电子信箱	tjrmcbs@126.com			
出版统筹	吴兴元		编辑统筹	王　頔
责任编辑	孙　瑛		特约编辑	刘　悦
营销推广	ONEBOOK		装帧制造	墨白空间·张　莹
印　　刷	天津图文方嘉印刷有限公司		经　　销	新华书店经销
开　　本	720毫米×1030毫米　1/16		印　　张	8.25印张
字　　数	128千字			
版次印次	2019年6月第1版　2019年6月第1次印刷			
定　　价	49.80元